ITは本当に世界をより良くするのか？

IT屋全力反省会

ワークスアプリケーションズ
井上誠一郎 × ノーチラステクノロジーズ **神林飛志**

まえがき

　本書に興味を持っていただきありがとうございます。本書はWebメディアのEnterprizeZineで2016年に連載していた「IT屋全力反省会」という対談企画を書籍化したものです。

　対談はすべて即興で行われました。対談場所に集まり、たいていの場合、挨拶もそこそこに対談が始まりました。やっている身からすると、これが本当に記事になるのか疑問に思える企画でした。しかし、おかげ様で連載は好評だったと聞いています。ここは素直にその評価を信じたいと思います。

　即興とは言え気楽な対談ではありませんでした。相手があの神林さんだからです。いつも舌鋒鋭く切り込んできます。神林さんのマシンガントーク講演会を聞いたことのある人も多いかもしれません。対談でもだいたいはあの調子です。

　神林さんのITのキャリアは、もともとユーザー側から開始しています。その後、ITベンダー側に転身したというキャリアです。基本的に、IT業界を見る目は厳しい人です。勉強不足でITベンダーの言いなりのユーザー企業を批判します。返す刀で、ITベンダーがユーザーに本当の価値を提供できているのか問います。IT業界の一部は虚業ではないかと切

り込みます。虚業は言い過ぎにしても、IT業界全般にマッチポンプの気がないかと指摘されると、100%自信を持って否定できる業界人は少ないのではないでしょうか。

　ただ、神林さんは単なる批評家ではありません。今は神林さん自身がITベンダー側にいる身なので、ITを使って提供できる価値を真剣に考えろ、という矛先そのものが自分自身に向いているからです。

　強く厳しい神林さんは一方でITベンダーへの優しさと期待を持ち合わせています。それは井上も同じです。多少ゆがんでいるかもしれませんが、愛情と呼んでもいいかもしれません。

　井上自身はずっとITベンダー側に身を置いてきた人間です。ひとことぐらい謝っても良さそうなものですが、たぶん連載中一度も謝っていません。反省会という名の連載でしたが、たいして反省しているように見えないのはご愛嬌です。

　ざっと本書の内容をひとめぐりします。最初はAI、IoT、ビッグデータはじめIT業界特有のバズワードの議論から始まります。安易なバズワードの乱用、未定義語で何かを語っ

たかのような風潮にメスをいれます。IT業界が持つある種のずるさに対する部分では見解が一致しています。が、ゆがんだ愛情ゆえか、だからIT業界はダメと一直線にはなりません。どう議論が展開されたか本文をお楽しみください。

その後、データベースおよび分散技術と、対談者の得意領域の技術話を展開します。エンジニア気質ゆえか、ついつい用語定義にこだわります。何がデータベースなのか、何が分散技術なのか。データ永続層の中でも何がデータベースを特徴づけるのか、本文で我々の見解をお読みください。

分散技術は更に定義が難解です。極論すればコアがふたつあるCPUは既に分散技術の萌芽を持っています。質的な意味では分散技術と言えなくもないからです。OS以下に複雑さが隠蔽されたら集中、OSより上に複雑さが露出したら分散技術なのでしょうか。分散技術に一家言あるふたりの対談をお楽しみください。

技術話は続き、RDBおよびNoSQLの話からオープンソースの話に移ります。ふたりはRDBが好きなのか嫌いなのか先入観なしに読むと、とらえどころがないかもしれません。事実は、ふたりともRDBへのゆがんだ愛情持ちです(たぶん)。

分散技術からクラウドに議論は移ります。クラウドの雄、AWSを持ち上げているのかこき下ろしているのかわかりづらいですが、ここもゆがんだ愛情ゆえの表現とお許しください。

最終章はエンジニアのキャリアの話です。明るい道を探そうとがんばりました。数学のような普遍な知識から積み上げていく部分は見解が一致しました。

最後になりますが、Webの対談企画から本書発刊まで編集者の小泉真由子さんに大変お世話になりました。またワークスアプリケーションズ広報の金田裕美さんと太田更紗さんには調整や校正作業で多大な協力をしてもらいました。この場を借りてお礼を申し上げます。今回の企画は、対談相手の神林さんあってこそでした。対談を通じて勉強になりました。ありがとうございました。

ワークスアプリケーションズ　井上誠一郎

井上誠一郎
（いのうえ　せいいちろう）

**株式会社ワークスアプリケーションズ
Partner/Executive Fellow**

ロータス株式会社時代、アメリカ・ボストンのIris Associates社に出向、Lotus Notesの開発に従事。その後、アリエル・ネットワーク株式会社の創業メンバーとして参加、CTOを務める。現在は株式会社ワークスアプリケーションズのエグゼクティブフェローとして、製品横断のパフォーマンス改善、開発インフラの改善、採用（グローバル）、教育等に従事。また、同社の新製品である世界初の人工知能型ERP「HUE」開発のアーキテクチャー責任者を務め、グローバルでの開発を指揮している。

神林飛志
（かんばやし　たかし）

**ノーチラス・テクノロジーズ
代表取締役社長**

1998年、小売りチェーンのカスミに入社。2002年10月にウルシステムズ取締役に就任。2011年10月ノーチラス・テクノロジーズ代表取締役副社長を経て、2012年4月より現職。オープンソースの分散処理ソフト「Hadoop」で基幹系のバッチシステムを実現するための「Asakusa Framework」を開発、分散処理システムの導入を手掛けている。

CONTENTS

まえがき　002

Chapter 1
IT屋はバズワードを使ってはいけない……のか？

論理的に筋が通っていないと倫理的に間違う　008
AIはどうだ、IoTはどうだ　009
マーケッターが使う言葉、エンジニアが使う言葉　010
過剰さは取り除くべきか、否か　012
そしてSIer問題へ　013

Chapter 2
SIがハッピーになれない理由

SIerは人が多過ぎるうえに、なぜあんなに働くのか　016
ユーザーには仕様がわからぬ　017
自分で作ったバグを自分で直す　018
IT屋の向かう先　019
AIもIoTも……　021
いるIT、いらないIT　022
エンジニアのキャリアパス　024

Chapter 3
データベースがデータベースであるゆえん

データベースとストレージの境界　028
RDBはなぜここまで成長したのか？　030
SQLは言語と見なされていない　032
APIのこれから、RDBのこれから　034

Chapter 4
Oracle寡占は打破できますか？ オープンソースはどうですか？

寡占状態のほうが楽だけどつまらない　038
オープンソース≠ソースがオープン　039
反省：我々はデータベースに関する勉強が足りない　042
神林さん、60歳になったらどうするんですか　043

Chapter 5
分散系による分散系のための分散談義 ／パッケージはつらいよ

P2Pの黒歴史　048
分散の現在地—あまり進歩していません　049
エンジニアとして、これ以上学ぶ余力があるのか　051
世代交代が起きずに沈没する予感　052
なぜ、パッケージビジネスはうまくいかないのか
（但しサイボウズとワークス以外）　053
反省：パッケージを作ろうという
心意気が足りなかった、かもしれない　056

Chapter 6
日本でパッケージを作るのが難しいのは なぜ？／経営者の引き際について

神林さんがユーザー企業で内製していたころ　060
パッケージを作るむずかしさ　061
どう、お辞めいただくか　063
年寄りは変わる？　変わらない？　064
経営者のチャレンジと報酬　066
本質的にITは関係ない　069

Chapter7
クラウドが思ったより普及していない件

クラウドとはAmazonのことであーる！　074
思ったより普及しなかったクラウド　075
わからないならわからないと言ってほしい　076
複雑化し過ぎたシステム　077
結局はデータセンターの話なのか　079

Chapter 8
思ったより普及していなかったクラウドは どこへ向かうのか

クラウドもオンプレ並にふつうに監査しましょう的な流れに　084
いったん信用してみる　085
日本企業が本気でやればクラウドビジネスはできるか？　087
今、日本に優秀なエンジニアが食っていける席は
いくつあるのか？　089
AzureやGoogleの話なども少し　091

Chapter 9
エンジニアのキャリアとか、生き方とか

ユーザーサイドのエンジニアが生き残るためには　094
生き残ること、楽しむこと　094
ユーザー企業のエンジニアの末路　095
ベンダーサイドのエンジニアの場合　097
年齢問題　099
ミドルウェアな人たち　100

Chapter 10
プロとして、生きる

サービス指向のほうへ、あるいは　104
今、ここにある危機としての俺たちのキャリア　105
IT人材とかIT教育とか　106
プロとして、生きる　108

あとがき　110

CHAPTER

1

IT屋はバズワードを
使ってはいけない……のか?

論理的に筋が通っていないと
倫理的に間違う

編集部 今回はこの対談を始めるきっかけとなった神林さんの警鐘、警鐘というかですね、ご自身が活動されている場でもあるエンタープライズITの世界に対する問題提起についてもう少し掘り下げていっていただこうということで、まずは、バズワードを取り上げようと思います。バズワード、メディアなどではどうしても盛り上げるフックとしてつい使ってしまうわけですが、IT屋はそれではいけない、というのが神林さんの問題提起でもあります。

神林 たとえば、ビッグデータ。ビッグデータっていう英語自体がそもそも英語としておかしかった。ただ、わかりやすかったので、さんざんアピールしたわけですよ。IT業界を中心にして。これからはビッグデータだって。

井上 僕はこの対談では、突っ込み役としてあえていろいろ、反論というか対立していこうと思うんですけど（笑）、神林さんが言っているのは、アピールが悪いっていう話ですか？

神林 いや、言葉と内容が正しくなかった。データはビッグじゃなかったですよね。にもかかわらずビッグデータっていう言い方をしたのが良くなかった。正しくないほうが、バズワードとしてヒットするっていうことがあるんですよ。ビッグデータなんか典型的ですよね。全然データも大きくなくて、そのことにだんだんユーザーさんも気付いてきて「データ、ビッグじゃないじゃん」って話になると、コンサルとかそれで食っている人は困るんで、「3つのV」とか「5つのV」とか「分析することがビッグデータだ」とか言い出して、え、おかしくない？ もともとやってたじゃん、それって話で。

井上 論理的に変であるっていうことと、それが倫理的というか、つまり、やっていい悪いっていうのがあるじゃないですか。今は、やっていい悪い、という話をしていますか？

神林 やっていい悪いの話をしています。論理的に筋が通っていないことをむりやり飛ばすと、倫理的におかしくなるっていうのは、必ずあると思っているので、そこでどう立ち止まれるかどうかだとは思っているんです。それを正当化し始めるとだんだんおかしくなってくる。論理的におかしいんだけど、俺はこっちで行くから、みたいな話になってきて、僕が言いたいのは極論的には人殺しを始めるよ、と言っているんですよね。

編集部 おお……。

井上 それは、被害を受けるのは誰なんですか？

神林 何も知らない第三者だと思います。だからよろしくない。やっている人たちは自分の商売でやっているからいいんですけど、それに関係ない人を巻き込むなっていう話があって、そこらへんですよね。

井上 騙されている側が悪いっていう考えもありますよね。

神林 そういう発想もありますよ。確かに騙されるほうも悪いんですけども、やっぱり騙したほうが悪いですよ。少なくとも自分の中での倫理的なものはどういう判断しているんですかっていうのがあって、そいつがはっきりしてればいいんです。俺は悪者で、人を騙すのが商売で、プロとして人を騙しているということを公言して騙しにかかるならそれはOK。

井上 なるほどね。まあ、それはそれでそういう生き方もあって、でも、価値あるものは提供しているけども、一種のマーケティングのために、バズワードを使うということもあるかなと思っていて。

神林 そこをどう考えるかですよね。やっぱりやり過ぎだと思います。IT業界。

井上 ITが多いですか？ ITだけじゃないかもしれないじゃないですか。

神林 ええとですね、たとえば僕は、食品を売っていましたけども、それって人が死ぬんですよ。アレルゲン、体にいいですっていうのとあんまり変わらない。いや、8割ぐらいは問題がなくて2割しか効かないんだけどっていうものは世の中いくらでもあって、それを過剰にやると世の中どうなるかっていうと、あんまりよろしいことにはならないし、それが原因で病気になる人も絶対いるわけで、だから食い物に関してはノーです、それは人が死ぬので……。

井上 だから、規制もあるし。

神林 規制もあるし、当然、倫理的な問題もあるし、だから中に何か入ったくらいで大騒ぎじゃないですか。それはそうなんですよ。非常にクリティカルなことがある。で、ITはたぶん、そんなことを考えていないんですよ。

クリティカルにならないから。クリティカルにならないってことは業界としていらねえのかっていう考え方もあるし……。

AIはどうだ、IoTはどうだ

井上 でも、そもそもいるいらないで言ったら、もしかしたら突き詰めると世の中のほとんどのものがいらないってことに、そこまでいくと議論がちょっと発散しちゃうけど……。

神林 それは結構本質的で、ユーザーの人たちってITいらないんじゃないの？って思っている人もいるんですよ。

井上 ああ、そこはワークスの創業理念がそれに近いものがあって。要はユーザーはITに対して無駄にお金を捨てていると。それを無駄なく、ちゃんとROIが出る形にしましょうっていうのは、うちの企業理念として、もう20年ずっと言い続けています。

神林 そこを埋める努力をやっぱり業界がやっているように見えない。そこはやっぱり問題じゃないかなと。

井上 確かに問題な気もするし、多少過剰にマーケティングし過ぎているかもしれない。でも、それでも前より少し良くなっているかもしれないと思うんですよ。結果としては。

神林 結果としてはね。でもそういうのが果たして、今後も通用するのかって話と、そんなことやってて楽しいのかとか、いろいろあるんですよ、そもそも。

井上 でももしかしたら、文明とか言い出すと大きいかもしれませんけど、多少は幻想を持って進むことで、幻想ほどじゃなかったけど結果としては少し進歩したっていうのはあるんじゃないですか。

神林 あるかなぁ。

井上 だからそこをすべて否定する必要はないかな、と。ちょっと今、あえて対立してみているんですけど（笑）。

編集部 じゃあ今はAIと言って騙しているんですか？

井上 AIはですね、今、うちの新製品を「人工知能型ERP」っていう言い方をしているんですよ（笑）。

神林 AIは、どう思います？（笑）

井上 AIは未定義なんですよ、定義されていない。それは事実です。だからこそ、いろんな解釈で使えばいいと割り切っているんです。過剰な言葉があったとしても言葉自体は手段ですから、中身がちゃんとしたものを提供するんであれば、あえて過剰な言葉で引っ張り上げるのもありかな、と。

神林 それ、だから詐欺でしょ？って（笑）。だって、完全に中身が何もない、だったら詐欺ですけど。1のものを100と言って売りますっていう言い方をしたとき、それってどう思いますっていう話ですよ。「これだけのスペックが出る」っていう風に、たとえば時速、馬力で500馬力あって、非常にいいエンジンでサスペンションも良くて装備もいいという風に言って、実際はその10分の1、100分の1しかスペックがなかったですっていう車を売ったとするじゃないですか。

井上 それは良くないですねえ。

神林 それは夢を売ってますけど、それはベンツ並の機能が10万円で手に入りますよっていうのとあんまり変わらない。

井上 それはダメですね。

神林 それは詐欺ではないけど、詐欺に近いでしょう。スペックは、言ってることと違うけど、ま、だいたい同じだよねって言い切っちゃう。

井上 もちろん、たとえば、明らかに軽なのに高級車のように言うのはダメですよ。でも、すでにちゃんと存在してある車というものを出して、その後の未来というか、これからの図を見せるっていうのは、それはそれでありかなとは思いますね。

神林 それが実現可能だったらいいと思いますよ。

井上 実現可能に……結果論としてならなくても、まず夢を出すことが。何ですかね、スペックとか買ってすぐの話と、10年先、その先のいいものを見せるストーリーはまたちょっと違うと思っている。

神林 そうねえ……。

編集部 ちなみに「人工知能型ERP」ってワークスさんが言うときの人工知能の定義っていうのはあるんですか？

井上 ありますよ。本当の先、今言ってる「夢」の話をすると、「すべての人に秘書が付く世界」。もう少し現実的なところで言うと、会社の中っていろいろめんどくさい

ことがたくさんあって。出張したら出張申請したり経費
精算したりとか、めんどうくさいことがたくさんあるじゃな
いですか。あれを基本的になくしていきたいと。で、そ
のためのサポートをするソフトなので、内部的には機械
学習を使ったりとか、自動化でいろいろがんばっている
のを、我々は最終的には秘書のようにやってほしいので
「人工知能」と。

編集部　「学習する」部分が「人工知能」であると。

井上　そうですね。あと、自動化とかプログラムなんて
あたり前なんですけど、それも何て言えばいいのかな、
ちゃんと機能に特化した形で便利にやってくれるのを知
能っぽく感じるっていうのは、結構こっちの受け取り方
があると思っていて。すごく便利に自動化されたものっ
て、見せ方次第ですけど、知能のように見えてもおかしく
ない。なので、機械学習でなくても、すごく便利になった
らそれは知能と言ってもいいかな、と。

神林　それ、知能って言い切っちゃっていいの？ってい
う（笑）。それを知能ですと言い切るのはちょっと言い過
ぎ感があるかな、と。

井上　ここは、マーケティング用語としての側面もありま
すからね。

神林　まあ、サポート機能が割と先読みして、かゆいと
ころにも手が届きますよみたいな話で、それって昔から
考え方としてあって。

井上　そうですね、あります。

神林　たとえばヘルプの出し方もそうだし、エクスペリエ
ンスはもうちょっとスムーズに出したりとかあるし、で、そ
いつを知能って言い切っちゃうと、「へ、そうだっけ？」っ
ていう話に当然なるじゃないですか。そこらへんは、出
し方として、アピールはいいし、バズワードに乗ってる部
分もあるんでしょうけども、やはり正確な言葉の使い方
じゃないなって。

井上　正確……。未定義だから、正確な定義ができな
いですよね。

マーケッターが使う言葉、エンジニアが使う言葉

神林　そうすると、定義を本来すべきだと思うんですよ
ね。

編集部　ガートナーとかがしてますね。

神林　ガートナーとかってエンジニアじゃないんです
よ。僕がIT業界に来てよく思うのは、IT屋って基本的
にコード書いてなんぼのところが絶対あるんです。プロ
グラム書いてなんぼ。で、プログラムって基本的には定
義なんですよ。何をどう定義するかができない限りは絶
対にコードは書けない。だから本来、いい加減な言葉
を使って定義ができないうちはコードは絶対書けないっ
ていうのが、僕の基本的な考え方なので、未定義な言
葉で遊んでるエンジニアなんか、死ねばいいんじゃない
の？って。まともなコード書いたことあるの？って。そう
いう感じなんですよ。

　だから、マーケティング屋さんが未定義な言葉をわざ
とぼかして使って、うまく夢を売ってそこからお金を出し
ていくっていうのは、それはまあありで、それはまあ、文
学的な話ですよね。それはありなんですけど、俺たちは
そうだっけ？それでコード書けたっけ？みたいなところ
があるので、そこは一線を引かないと、どこかでいい加
減な話になるんじゃないのという気がしますね。いい加
減な言葉を使っている人が、ちゃんとしたコードを書くっ
ていうのが、僕は信用できない。それが一番大きい。
だから、Googleとかがなんかいろいろ変なことを言うわ
けじゃないですか。全然信用していないです。でかく
なっちゃった今だと、本当のコアにしっかりコードを書け
ている人と、マーケティング方面の人に分かれちゃって
いるんだと思う。

井上　まあ、それはそうですよね。

編集部　AIとかビッグデータっていうのは前からあっ
たっちゃあったことじゃないですか。いつ、どこでバズ
ワードとして生まれるんでしょうかね？

井上　何なんですかね。それはITによらないですよ
ね。

神林　そりゃもう、マスコミとキャピタリストが金を集め
て、商売をしていかなきゃいけないので次のテーマを探
したい。盛り上げたい。ビッグデータ、はい。IoT、はい

次、AIっていう話なわけですよ。次から次へとトレンドを作り出していかないと読者がついてこないというのは当然あるので、みんな必死で探すわけですよ。そうすると、ああ、いいね、と。これいけそうだね、盛り上げよう、と。そうするともう、半分でっち上げになるじゃないですか。案件探して来いと。有名なのが、日経ビッグデータの某氏の有名な言葉で「ビッグデータ案件探して来い」がいつのまにか「作って来い」になったっていうくらいの話があるわけですよ。事実その通りだと思いますよ。だから人工知能も同じ話で、人工知能案件探して来い、と。何かそれっぽくない話をむりやり持っていくか、人工知能にしてしまえ、と記者の人が書き始める。

編集部　どきどき……。

神林　絶対そうなるっていうか、もうたぶんそうなってる。

井上　で、別にそれでいいじゃん、っていうのが僕のスタンス（笑）。

神林　それはそれでマスコミは乗ればいいですけど、エンジニアはそれに乗るんじゃないよっていうのが。

編集部　あ、私たちは乗ってもいいんですね。

神林　いいんじゃないですか。だって仕事でしょ。それが仕事だからいいんじゃないですか。ただ、それをエンジニアの人が語った段階で詐欺になるでしょっていう話をしていて。俺マーケッターだからっていって言うんだったら全然OKで、それは騙されるほうが悪い。でもエンジニアリングでちゃんと動くものを作っていますよっていう人が、そういうこと言って売ると信用するでしょ。少なくとも。ユーザーからすれば、ちゃんとものを作っている人がそう言ってるなら、そういうレベルのものになるんだね、って。全然違うじゃないですか。それは騙してますよ。かつ、自分が騙していることに気付かない。これは最悪。そうなるとどうなるかっていうと、善意で、善意の道が悪になるのと同じで、いつのまにかひどいことになる。間違いない。で、人死にますって。本当に。

編集部　死にますか……。

神林　人工知能の制御で高速道路のETCのバーが上がらなくなるとかね、そういうことが起きるから。これ使えますよね、みたいな話の中で、そこでエンジニアが使えますよなんて言い切っちゃったりすると、別に医療過誤でも何でもいいですけど、たとえば、人工知能でエッ

クス線の量を制御します、とかね。その人に合ったレントゲンやりますとかね。でも範囲は実はそうでもなかったとか、このへんの制限は付いてたとか、どんどん取っ払って、だんだん人工知能付いてるからミスしないよね、みたいな話に絶対なるんですよ。そうすると殺人バグが入ってくるんで人が死にます。そういうことが絶対起きるんで、表に出ないだけですけど、だから、言葉はちゃんと使わないとまずい。特にクリティカルなシステムをやっている人はバズワードに乗るなと戒めをしないとまずいです。

　だいたいのシステムは今、どんどんクリティカルになっていっているのは間違いないんですよ。飛行機にしたって、医療にしたって、物流・交通にしたって。だからなおさら倫理的なものが求められる時代になってきているので、余計よろしくないですね。そこはしっかり線を引かないと、夢を売るのはいいんですけども、本当に人が少なくなってくると、やばいところもある程度システムに任せるって話になるんですよ。日本は特に人がいないので。だから介護システムでも、自動化するじゃないですか。人が足りないから。で、外から人を入れるっていう話もありますけど、それもたぶんできないんで、ある程度自動化しましょうっていう話になると、制御が移ってくるんですよね。自動車なんか典型じゃないですか。地方のほうで、もう車が運転できないって話になってくると、だんだんオートメーション化が進んできて、車も自動化しますよっていう話になってきて、人工知能が入っているからって「じゃあ、これもできるよね？あれもできるよね？」ってなったときに本来できないところまでやらせるようになってしまって、さあ、どうなるかって言うと、クリティカルな状況になることはたぶん絶対ある。だから良くないっていうのが、まあ極論ですけどね。まあ、でも世の中の事故ってそういうのが多いですよ。

井上　でも今の話はだいぶ飛躍しませんでしたか。

編集部　マーケッターとメディアはOKでエンジニアはダメ、と。

井上　ウソはついちゃいけないんです。一方で、エンジニアもコードを書くことと、ちゃんとサービスを考えること、その頭の切り替えだったり、その先に待っている未来をちゃんと語ったり考えたりができなきゃいけない。あと、もうちょっとプラグマティックに、さっきのどんどんシス

テムがおかしくなる話で言うと、お金が入らなくて、コードもメンテナンスされなくなって、おかしくなる世界もやっぱりあって。だから、ちゃんと経済的なところを回していくっていうのも、ひとつの重要な点ではあると思うので、そのためにバズワードを使うのもありなんじゃないかと僕は思っています。あくまでキーワードとして。まあ、ちょっと視点が違うかもしれないですけど。

神林 それはもう、ビジネスの話なんで。それはありかって言われるともうちょっと他の回し方したほうがいいんじゃないのって思いますね。

井上 他のっていうのは?

神林 まずはこれはこういう機能があって、こういうことが必要で、だからお金を払ってくださいって、ちゃんと言うべきだと思うんですよ。それで払えないってなった場合は、どう妥協するかって話でしかないので、ウソをついてまで、お金を入れて回すっていうのは、結果的には、それで回っているからいいじゃんって大人の話になると思いますけど、そうだっけ? っていうのは絶対残るので、あんまり健全ではないなあと。どっちが健全かって言ったら、正当な対価を正当なことをやってもらうのが一番健全じゃないですか。それで話をして、通じなけば、通じるまで話をするっていうのが本筋で、どうしてもダメならやめるしかない。それをむりやり回すために、必要悪的にそういうのを持っていくっていうのは僕は正しくないと思う。

過剰さは取り除くべきか、否か

神林 正直、僕のキャリアって必要悪を売った仕事しかしてないんですよ。もう正直(笑)。そこはもう間違いなくて。会計士なんていなくていいですよね。正しいことやってたら監査なんていらないですよ。M&Aだって自分でやればいい。サポートなんていらない。そういう意味だと、割と裏側の仕事をやってたりすると、こんなのいらないよねっていうのがあるので、そういうのはなくしたほうがいいですよ。

井上 根本的なところで反対はしていない一方で、文化とか文明と言うとあれかもしれないけど、僕は過剰さがあるのも人間の本質かなと思っていて。そこを変にス

トリクトにダメだって言い過ぎるのは、それを推し進め過ぎると文明が退化するというか。言い過ぎかもしれないけど。何となく、言いたいことわかります?

神林 言いたいことはわかるんだけども、業種によるんじゃないかっていう気もするんですよねえ。

編集部 通じる通じないっていうお話が先ほど出ましたけど。ユーザーって、たぶん、神林さんが誠実に説明したとしても、理解できなくて……「で、わかりやすく言うと何なの?」みたいなことになって、そこでバズワードを使うと通りやすいということとかはあるんじゃないかと。

神林 それはありますね。

編集部 「ビッグデータですよ!」って言ったほうが「いいね!」みたいになるのかなって。

神林 でも、ちゃんとした経営者はバカではないので、「え?」って顔しますよね、間違いなく。それで、商売になってればまだいいんじゃないですかって気はします。でもビッグデータって現実にでかいマーケットになったかって言うとなってないですよ。

井上 そうですかね。

神林 言われているほどでかいマーケットにはなっていなくて、唯一評価できるのは「データをちゃんと分析して使いましょうね」っていう非常にあたり前のことをあたり前にやるようになったっていう意味では良かった面はあると思いますけど、メディアのほうが持ち上げたみたいに世界が変わるんだということには全然なってない。IoTでも世界が変わるんだみたいなこと言ってるじゃないですか。いいですか、絶対変わらないですから。

井上 いつかは変わるかもしれないですよ。何かが。

神林 それは、今やっている延長線上のものでしかないと思う。それをもって変わるって言い方をするなら、たぶん変わると思いますよ。でもそれは強烈に宣伝してマーケットができて世界が変わるっていうことではない。割と極端な話しますけど、たとえば、いちばん大きいのは、携帯電話だと思っています。劇的に変わりましたよねっていう話が非常に多くて。生活も通信の手段も変わったと。でもね、食ってるもの、見てるもの、それから楽しんでいるもの、生活のスタイル、全体的なマクロな産業構造が、そんなに劇的に変わったかっていうと実は変わってないんですよ。

井上 いや、変わって……。

神林　変わってないです。

井上　変わってないかな（笑）。

神林　世界はそんなに簡単に変わらない。ひとつの技術、ひとつのトレンドだけで変わるほど単純ではないし。

井上　それはそうですね。

神林　そういうこともあって、結局マーケットとしてどういう風に大きいかってところは結構疑問符が付く部分があって、今、そういうことをやれば、文化が大きく広がってお金が入ってくるみたいな話をしたけど、実際そうですかって話もあるわけですよ。

井上　たとえば、スマホはどうですか。スマホをみんなで持っていることで、何か本質的に人間変わったかっていうと変わってないかもしれないけど、何かは変わってるんじゃないですか。

神林　それは変わってると思います。そこが変わっていることに異論はないんですけど。

井上　何て言うんだろう、各論のところでは間違ってないと思うんですけど、あまりにストリクトなことを言い過ぎていると、極論を言えば、スマホいらない、PCいらない、全部いらないってなってくると文明批判みたいになってきますよね。

そしてSIer問題へ

神林　いや、そこらへんがスタート地点なんじゃないですかね。結局、そのどこまでいるのか。それでもやっぱりあったほうがいいよねっていうところからITのポジションの考え方が出てくるはずで、本当はいらないんだけど……。

井上　いらないけど、ある。この過剰さが人間なんじゃないですか。何か哲学的になってきますけど（笑）。

神林　そうかなあ。やっぱりタコ足っぽいところを感じるんだよね。どうしてもその、結局、ITを見てて思うのは、結局産業のほとんどはSIなんですよね。何だかんだ言いつつ。8割〜9割は。Web系ってでかいこと言ったって10%いないんですよ。だから、8割〜9割がSIやっていて、働いている人間がハッピーかっていうと、全然ハッピーじゃない。

井上　SIがハッピーじゃない問題は1回話したい気持ちもありますね。こう言っておきながら、実は結構共感するところもある（笑）。僕も、本質的にはミニマリストなんですよ。部屋の中も別に何にもなくていいかなとか思っているくらいで。たぶんプログラマーって、いらないメモリはいらないし、気質的にはミニマリストになっていく人も多いかなって思っていて。僕もそうなんですけど、でもその一方で、無駄とか過剰さが人間の本質かなと思う部分もあって。僕はそんなに享楽的な人間ではないんですけど、そういう人はそれでもありなんじゃないかなと実は思っている。

神林　過剰にマーケットを作りたがるのはいい加減にしたほうがいいと思っているんですよ。

井上　や、いいんじゃないですか？

神林　いやねえ、人がいなくなっていってるんですよ。全体的に若者が減ってるわけじゃないですか。

井上　それは、過剰さだったりマーケット用語のせいなんですかね？

神林　いや、もうちょっと他のところに目を向けてほしいっていうのがある。その、たとえば、今、知り合いで介護のITをやっている人たちがいて、もうまったく人が来ないんですって。IT屋が来ない。それはなぜかって言うと金が出ないからなんですけども。当然介護だからみんなそんなにお金を持っているわけじゃないし、当然それは厳しいじゃないですか。でも、そういうところで、徘徊とか言ったときに、GPS付けるだけでも全然違うよね、とかいろんな話があるんですけどもいかんせんやる人もいないし、IT屋もいないし、エンジニアもいないっていうのはあって、それだったらそういうところにフリーでも何でもいいから入ってやっていたほうがよっぽど生産的だし、人ひとり増えるくらいはあるだろうし、エンジニアとして食べていける仕事は絶対あると思うんですよ。そういうところにもう少し目を向けて、ビッグデータとかIoTとか、人工知能とか言わずに、介護のほうにもう少し……。

井上　それは、だいぶ話が飛んでいませんか……。たとえばですけど、シリコンバレーは現時点でも過剰なところがありますよね。そのモデルで回っている経済もある。

神林　で、それで日本も回っていくんですかね？

井上　日本が回らないのはもしかしたら違う理由なの

か……。

神林 かもしれないし、全体的に最初の話に戻るんですけど、結局9割SIだよね、って。で、そんなに人いらないんですよ、本来は。で、SIの事業構造自体が、人を入れることで儲かる形になってしまっていて、企業も1回売り上げが上がっていくと、もう減らすっていうことは許されないのでジレンマになっちゃうわけですよ。なかなか食っていけないし、人もだんだん減ってくるし、使えるやつもいなくなるし、年寄りは増えるし……となってくると、本来であればSIerから脱却しなきゃいけないってなるんですけど、どうにも動けない……。

井上 ワークスはカスタマイズなしのパッケージっていうのをずっとやってきて、ある種SI否定、ああいうものがなくてもいい世界をやろうとしている会社で、ただまあ、ワークスほど成功、あの規模で成功した日本の会社ってあんまりない。

神林 ないですね。

井上 それがうまくいかない理由って、何なんですかね。

神林 ええとね、時間がかかるんだと思います。ワークスは何のかんので20年やっているわけですよね。20年かかっているわけですよ。だから耐えなきゃいけないんですよね。10年から15年くらいは少なくとも。結局今、独立ソフトウェアウェアベンダーでがんばっているところ、たとえば、HULFTのセゾン情報さんとか、EAI系の数社、やっぱり10年以上やれているところは結果として残っているんですよね。まあ、昔は3年残ればベンチャー成功と言われていましたけども、今は僕、感覚としては全然違って、最低10年はがんばらないと日本のソフトウェアは会社としてまともに動いたという形にはならないし、成功とは言えないっていう風に思っています。だから10年がんばれずにSIになっちゃいましたっていうのが、すごく多いですし、そこに時間がかかり過ぎるっていうのは、ソフトウェアの会社が出てこない最大の理由だと思います。それはマーケットが変わりにくいっていうところだと思いますね。もしくは新しいソフトを入れるとか、仕組みを変えるとか、更新サイクルを早めるとかいうのをやりづらい。

井上 SaaSモデルになっていくと、そこって少しは良くなる可能性があるかもしれない。

神林 それはあるかもしれない。ただ、SIが入っちゃうと同じだよねっていうのはあって、ワークスさんのケースだと、どれだけSI抜きでいけるかというのはポイントのはずなんですよ。

井上 ワークスでいちばん売れている機能が給与計算で、たいていはSI抜きでも導入は可能ですね。

神林 それは昔から、ダイヤモンドコンピューターさんの時代から割とそのイメージ入ってしまっているんで、ERPっていう話でいくんだったら給与回り以外のところで本来必要で、そこは膨大にSIのコストがかかっているんで、そこをどれだけ削れるかっていうのがひとつポイントにはなるんでしょうね。

編集部 SIはもういらない説とかあるじゃないですか。だけど、それこそ無駄の話じゃないですけど、従事している方々がいるわけですよね、

井上 それはSIやっている人たちが幸せだったら……。

神林 幸せじゃないから。辞めたら? って話になる。全然幸せじゃないですからね、どう見ても。やっぱり、楽しいわけないっすよ。あれどう見てても。向いてないしね。やっぱり何してんのっていう人はすごく多いから。SIで現場に行くと。辞めたほうがいいと思いますね。鬱々としていて、客から仕様変更が来て突っ込まれて、それが続いて鬱病になるくらいだったら、辞めたほうがいいですよ。それはもう絶対間違いないですよ。そういう細かい話はいくらでもあって、全然ハッピーじゃないですし、あの、何でここで働いているんですかっていう。

編集部 マーケットを作るために、バズワードが生まれる、という話からだいぶ大きく旋回してきました。今回は、このくらいまでにして、次回はSIがハッピーじゃないというあたりについてもう少し掘り下げていければと思います。

CHAPTER

2

SI がハッピーになれない理由

SIerは人が多過ぎるうえに、なぜあんなに働くのか

井上 SIは何でハッピーじゃないんですかね。

神林 えっと、まずは、人多過ぎですよね。もうちょっと少ない人数でできるところにむりやり人を入れてしまって、いや、いろいろな問題があるんですけど、一番大きいのはやっぱりお互いに知識が不足している。

井上 そうですよね。何であんなに働くんですかね。

神林 たくさん人を働かせたほうが売り上げが上がるからですよね。結局、ユーザーさんが評価ができないんですよね。システムの価値を。中身がわからないので、どういう評価をするかって言うと、どれだけ人を突っ込んだかっていうほうが、人月工数の原価が高い、要は価値があるように見える。人がたくさんいて作ったもののほうが、人が少ないよりもいいものに決まっているっていう発想が抜けていない。抜けていないっていうか、それしか判断する根拠がない。

井上 それで、人数が多いのは説明できるとして、残業とか休日とかまで来るのってそれで説明可能ですかね。

神林 残業、休日まで来るのは、説明が可能か…残業休日までやんなきゃいけない羽目になっている……。

井上 それは何となく、正しいかどうかは別として、説明する要因としては、顧客側が過剰品質を求めているところもあるかなと。

神林 あの、やっぱり過剰品質を求めているというよりは、何が本来品質として必要なのかというところがわかっていないと思うんですよ。だから、とりあえず、「とりあえず」っていう言い方に絶対なるんですけど、こいつとこいつとこいつは今まであったので、今度も作ってほしい、と。いるかどうかについては、俺はよくわからないし、もしかしたらいらないかもしれないけど、でも今までやっているから、これも付けといてねっていうのが多いんですよね。

井上 そこは結構、SIやっている人間が過剰労働になる本質かと思うんですが、それってどうやったら止められるんですかね。

神林 やっぱりユーザーさんのほうで「それはいらない」って明確に言えるということがひとつと、あと、いらないことを切ったからって値段……一番怖いのは値段交

渉になるのが一番怖いんですよ。要は要らないものを切ったと。だから、金額に影響しますよね、みたいな話になるとまためんどくさい話になる。そもそも、予算の見積もりが甘いですよね。お互い甘いですよ。それで、機能を切った削ったって話をやり始めて、もともとこれ必要だったからって話になったときに、そこの交渉のところがあまりうまくできていない気がします。機能が減ったり、ドキュメントが減ったら、コストは当然下がるべきだっていう風にユーザーのバックエンドやユーザーの人は思っちゃったりするじゃないですか。

井上 発注側ですよね。

神林 で、受け側からすると、それはそういう話じゃないですよね。

井上 受け側はうれしくないですよね。

神林 だから、これはいらないですよねって削ってお金が減るよりは、やっちゃって、そのまんま全部金額をもらったほうがうれしい、と。マネジメント層が考え出したりすると、もう、ロクな話にならない。これを削ったほうが効率がいいしって思うんだけど、それだと値段の交渉になるし、こっちからは言い出せない。

井上 でもそれって、ITだけなんですかね。結局発注側って、お金出す側って同じ金額出しているんだったら、あるだけ働かせたほうが得っていうところがあるじゃないですか。そのメンタリティがある限りは、あらゆる産業で起きそうな気がしますけど。

神林 たぶんITがそういうのが一番強いと思います。なぜかと言うと、中身がわからないから。中身がわかるようなやつについては、品質でユーザーがチェックできるのでそういう話にはならない。たとえば家を作りますよって言ったときに、たくさん大工を入れたほうがいいものができるって思わないでしょ。いや、入れたほうがいいって思う人もいるかもしれないけど、そんなことよりできあがったものがしっかりしていて品質が良ければみんな満足じゃないですか。それくらいの常識はみんな持ってますよ。それを、たくさん大工を入れたから金くださいって言ったら、「お前、ちょっと待て」って話になるし、そのベースになっているのは、少なくとも家に住んでいて、それがどういう家で、どういう住み心地かっていうのが自分でわかっている前提がある。

井上 まあ、わかっていないこともあるかもしれないで

すけどね。

編集部 杭が入っていなかったり……。しかし、クローゼットは6個もいらん、とかそういうのは少なくとも家だとわかりますよね。6個作りましょう、6個！って言われたら、いや、3つでいいです、みたいな。でもITだと6個作りましょうって言われたら6個必要なのかなって思ってしまいそうな気はします。

井上 でもメンタリティ的に言うと、家を買ったときに同じ金額は払っています、と。で、大工さんとかがだらけて1日1時間で手抜き工事して帰っていたら嫌ですよね。そういう意味で言うと、ちゃんと働いてほしい、最大限働いてほしいというメンタリティは少なからずあるはずですでよね。

神林 最大限っていうのはどこを指すかっていう問題だと思うんですよ。ちゃんと仕事してもらえればいいっていう話だと思うんですよね。ちゃんと仕事をしてもらった結果として、ちゃんとしたものができているっていう。ちゃんと仕事をするっていうことは、ちゃんとしたものができているっていうのが前提にあって、そのために適正な対価を払うっていうのが普通の考え方なんですけど、それが評価できないっていうのが、最大の……。

井上 家のたとえはわかりやすくて、家も本当は大工さんがちゃんと仕事をしていたかどうかは実はわかってないですよね。

神林 最近問題になっていますよね。

井上 そうするとITがいい加減に始まったせいなのか、単なる歴史の問題なのかもしれないですよね。

神林 歴史の問題もあるけど、やっぱり、実はその家に住んでいないユーザーが多いんじゃないかと思っていて。

井上 あー。使ってないから。

ユーザーには仕様がわからぬ

編集部 家のたとえってすごくわかりやすくて、さっき大工がたくさん来たからお金くれっていう話じゃないって出ましたけど、逆にSIの世界だと大工がたくさん来た分、高くなるんですか？

神林 高いですね。

編集部 家が、玄関が大理石だからとかそういうことじゃなくて、大工が20人がかりで作りました！ってことなんですか。

神林 はい。

編集部 そう思うと確かにクレイジーな感じがしますね。

井上 結局、お金を出す側のメンタリティは、「最大限やってほしい」みたいな。

編集部 でも家は大工の数では判断しないじゃないですか。

井上 数じゃないけどスキルだったりね、ちゃんとまじめな人がいい、とか。

編集部 でも普通は大工そのものにあまり目は向かないんじゃないですかね。

井上 そう、大工はよくわからないから。何となく言われたこと信じてるのかもしれない。

神林 あと、やってることが見やすいってこともあると思いますよ。家作るとき、やっぱり見に来るじゃないですか。毎週毎週。で、何やってて、どういう風に進捗しているのかっていうのがユーザーから見るとわかりやすいですよね。だから、まあちゃんと仕事しているとか、そういうのはわかる。

井上 うーん、わかりやすいんですかね。

神林 わかりやすいんじゃないですかね。少なくともITよりは全然わかりやすいと思います。そこの違い。作業工程や出てくるものに対するユーザーの理解度が、ITはやっぱり低い。

井上 まあ、そうですよね。

神林 難しいし、わかんないから。

井上 そもそも柱が立ってるのかすらわからないですからね。

神林 そうなってくるとなおさら、規模が大きくて、人が多いほうが価値が高いしお金を払う言い訳になる。っていう風になっちゃってると思うんですよね。そこがすごく合わないですよね。どうしても。

井上 それで人が無駄に増えると、結局コミュニケーションコストが増えて、残業が増えたりしているんでしょうね。

神林 どうしても合わないんですよね。話の軸が合わない。僕もユーザー側にいて発注側にいましたし、作る側にもいて、コンサルもやってたんで、話として、これ

2. SIがハッピーになれない理由　**017**

くらいのシステムはこれくらいの金額でできるはずだっていう基準はあるんですよ。ちゃんとしたユーザーであれば。それがやっぱり現実に合ってないっていうところがあって、そこを本来調整しなきゃいけないんですけど、お互いにそれがなくなって調整がきかなくなってくると、やってるほうが何やってるかわからないってなってくる。発注側もそもそもこの仕組みがいくらになるのかが、ちょっと、もう。

たとえば、よく言われるのがCOBOLの時代に比べて、見積もりの精度が上下にぶれるようになってきたと。これは、ソフトウェアがわかりやすかった、ステップ数で計算しやすかったとか、やれる場合は逆に制限がかかってたので、これぐらいの修正はたとえばこの画面数これだけでステップ数これだけだから、コストで何人月で計算できるから、これくらいだっていうのが、今はやりづらくなってる。だからどうしても、いくらになるのかがわからないっていうのが、ユーザー側にもIT側にも出て来ていて、この大きな理由のひとつとして、単純にやることが前より複雑になってきていることは間違いないんです。だからよけいわかりづらくなったっていうのが背景としてはあるんですよ。で、また具合が悪いのが、みんなおかしいって思っていても、そっちのほうがいいと思うじゃないですか。新しい技術のほうが確かにできることもあるし、パフォーマンスも上がるからこっちのがいいと思っているんだけど、言語だってね、毎回毎回同じもの作るしね、どんどん複雑にするし、スタックは重くするし、フレームワークだってHadoopなんかもう、気狂いのようになっているわけですよ。でもそっちのほうがいいと思うし。で、そうだっけ？っていうのがやっぱりないんで。そこがいろいろと問題を発生させているんじゃないかなと。

自分で作ったバグを自分で直す

井上 そうですね。じゃあ、どうすればいいのか。常に枯れた技術だけ使い続ければいいのかと言うと、それもまた違いますよね。

神林 センスのない人はかかわらないほうがいいんですよ、ITは。結局、そういうのって、ある程度経験を積

んだり、ある程度ちゃんと教育を受けている人であれば、コードの量と機能っていうのは全然比例しないよっていうのがわかるんですよ。それはプロの人は全部そうで、ちゃんとした品質であればあるほどコード量って絶対少ないはずなんですけど、そういう発想に、アプリケーションをとりあえず書けでやっている人は至らないです、絶対に。だからコードが無意味にでかくなりますし、ちゃんとした機能っていうのがどれくらいのサイズにおさまって、どういう風になるかっていう発想ができない人がSIに入ったりプロダクトに入ったりすると、判断ができなくて変なものになる。

井上 そこはもう、間違いないですね。

神林 だからIT業界の中の話で言うと、適性がなかったり、教育を受けてない人が現場にい過ぎ。

井上 それは激しく同意ですね。

編集部 でも、人をたくさんとっていたら、やっぱり……。

神林 だから、とるなっちゅーの。

井上 発注側が過剰品質を求めていることもあるかもしれないですけど、一方で、残業を増やす要因として、単に、自分でバグを作って自分でバグを直すみたいなレベルの低いことをやっている人が多過ぎる。この業界って何か資格が必要なわけじゃないじゃないですか。少なくとも現場に入るときには。そこが問題なのかなとも。そこは必要派ですか。

神林 僕は必要だと思いますよ。最低限の教育レベルっていうのは絶対にいると思いますよ。Webのアプリケーション書くとかそんな話ではなくて、論理的にものを作るトレーニングとか、簡単なプログラムを整合性をとれるようにちゃんと書くとか、これは無駄だよねとかいうところをちゃんとまず教えるし、そういうディシプリンみたいなものを、プロジェクト組むんであれば最初に徹底するっていう仕組みにしないとうまくはいかないし。

井上 資格っていうのも、それはそれでひとつのソリューションかなって。昔からそんな気もしているんですよね。そのほうが尊敬もされるし、ひとりひとり良いものもできるはずだし、本当にみんなのスキルが高ければ、自分でバグを作って自分で直すということもなくなるので、働く時間も短くなるはず。

編集部 今、スキルが低くて現場で働いている人はも

う、死ぬしかないですか?

井上 勉強する。

神林 勉強するか、辞めればいいんですよ。他の仕事はいくらでもあるんですから。ほんとそう思うんですよね。何でこんなところで働いているのかな、みたいな人がたくさんいるんですよ。

井上 でも一方で、資格制度にするのもひとつのソリューションだと思いますけど、それがなくても回っているシリコンバレーみたいなのもあるじゃないですか。

神林 あれはたぶん脱落がしっかりしてるからだと思いますよ。向いてない人とかダメなやつは絶対切られてると思います。

井上 そういう仕組みが機能するのもひとつのソリューションですね。

神林 インがあればアウトもあるっていうモデルなので、それは教育のスタイルじゃなくてサバイブしているやつが結果的にOKっていう。そういうやり方もありなんだとは思うんですけど。

井上 それが日本で機能しない理由は何ですか?

神林 機能しない理由はマーケットが完全になっちゃって、そういう出口が見つかってないからじゃないですからね。人はどんどん入ってくるけど結局それで食えるよう、クビにするんじゃなくて、むしろそいつを食えるように回すっていう方向に社会が向いちゃっているから、仕組み自体が、SIerはどんどん肥大化して、人でチャージして、みたいな。また、具合が悪いことに、システムの内容をユーザーが理解できないっていうのがあって、人が入っているほうがお金払ってもいいのかなみたいなことになってしまったっていうのが、最悪の原因だと。逆に言うと、人為的というよりも結果的に、はまってしまっているんで、そう簡単には変えられなくなっちゃっているんですよ。意図せざる結果として安定に入っちゃったんで。

編集部 評価っていうのはどうなっているんですか? スキルがない人、ある人っていう評価何ですか? 勤務時間?

井上 あるべき姿ではなくて、現状で?

神林 現状は3つくらいでしか評価できていないです。PMやってる人、わりかし腕がいい人、その他大勢。それ以外にはないですよ。

編集部 「わりかし腕がいい人」みたいなのは誰がどういう基準で決めるんですか。

井上 むしろそれをちゃんと評価できている会社だったら、まともですよ。一番最悪なのは、長時間働いているっていうのが評価されるパターン。

神林 評価しづらいんですよね。見てりゃわかるんですけどね。コード見たりすりゃいいんですけど、でかくなっちゃって、人が100人とかかになってくると、評価のしようがないので、見てらんないですから、働いている時間になっちゃうんでしょうね。ちょっとねえ、もう少し何か考えないとまずいんですけどねえ。

IT屋の向かう先

編集部 将来的にはSIはなくなりますか?

神林 いや、絶対残ります。絶対残る。理由は簡単で、ユーザーがシステムを作れないから。要するにアウトソーシングなんですよ、SIって。事実上、情報システム部も。自分で作れないので外に委託して作ってもらうことになってしまっていて、それをなくすことができない限りはなくすことはできない。需要は絶対ありますんで。需要があるってことは供給する側が絶対出て来るんで。

井上 そこで働いている人がちゃんと価値を提供できているんだったら悪いっていうわけではないんですけどね。

神林 できてればいいですけどね。ちょっと難しくなり過ぎちゃったっていうのがありますよね。リファインする方向に行けば良かったんだけど。最近特にひどいかなって。

井上 そこは必然なんじゃないんですか。そうでもないんですか。

神林 何だろう。歴史自体がそんなにないから、これが正しいかどうかってちょっとわかんないですよね。

井上 あーそうですよね。

神林 たかだか4〜50年でしょう。こういう方向が合っていたかっていうのは……。

井上 ソフトウェアの必要知識っていうのがどんどん増えていますけど、確かに本当に必要なのかって言われるといらないんじゃないかみたいなのもありますよね。

神林 洗練感が低いんですよね。何か、過剰に広がっちゃって。ふつう道具としてっていうのは、多機能化に進むんですけど、あるところでデザインっていうか、洗練される形になっていかないと普及しないですけど、そういう風になっていないのはなぜ何だろうと。

井上 家で言うと、構造がたくさんできたり、材質がたくさんあったりっていう。

神林 あと車で言うと、昔はエンジンから自分で手を入れて、マニュアルだったじゃないですか。それがオートマになったじゃないですか。普及するにあたって、やっぱりそれはどんどん手順が簡単になって安全なほうにいかなきゃいけないんだけど、そうなってないんだよね、ITの場合は。

井上 車も、作る側の必要知識は増えているんじゃないですかね。あらゆる産業がそうなっている可能性が。サイエンスだって必要知識がどんどん増えていますよね。

神林 どこも破綻し始めているんじゃないかな。

井上 ひとりの人間がサイエンスでなにかやろうとしたら、まず40年かかると。今あるものをキャッチアップするので40年かかったら、もう新しいことはできなくなっちゃうかもしれない。

神林 あとよく思うのは、大学教育とかですね、ITに対してまともにやってないんです。それはよく感じる。

井上 ここは鶏と卵っていうか、ちゃんとした教育を受ければ、ITで高い給与がもらえるとかだったら、そこに集まるはずなんで。

編集部 最近は、プログラムを小学生からとか、盛り上がっていますが。

井上 言葉だけ先行してますよね。

神林 えー。まあ、単純にプログラマーが足りないって勘違いしているんじゃないですかね。足りないのはちゃんとプログラムを書ける人であって。何か勘違いをしていますよね。ああいうこと誰が言い出したのかと思うんですけど。

井上 頭がいいプログラマーが足りないっていうのが正しいですかね。

神林 まず、ちゃんとしてないプログラマーをちゃんとしたほうが全然効率がいい、業界として。

井上 もしかしたら、今から子供をちゃんとしたエンジニアへと育てるほうが、結果的には早いかもしれないですよ。

神林 可能性はあるんですけど、そこまで悲観的に見ちゃうとなかなかつらいなって。そこまでわかって子供からって言っているんだったらいいですけど、そういう感じはあんまりしないですよね。

編集部 ちゃんとしたプログラマーを作るにはちゃんとしたプログラマーが教えなきゃ、とか。

井上 いろいろな本もあるしね。数学は自分で学べるし。

神林 適性はある気はしますよね。自分で勉強して、自分でコードを書いて、人から教わって、リファインしていくっていうことができる人とできない人がいるので、できない人は、ここにいても周りも自分もハッピーじゃない気がするんですよ。

日本の場合、流動化が進んでいないっていうのが最大の問題で、人が移動するときにどうしても他のところに渡りづらい、行きづらいっていうのがあって、逆に言うと他の業界に行けたり回ったりできる人っていうのは、相当力がある人だと思うんですよ。本来、大学教育や高等教育でやるべきことっていうのは、業界を渡り歩いても通用するような基礎的な力を教えなきゃいけないんですけど、特定のスペシャライズしたことを教えることが専門教育だみたいに思っちゃっているので、結局入ったまま移動ができない。そこで自信をつけて、いろんなことをできるようになった人は動けるようになる。本来そこにいてほしい人がどんどん動いて、いてほしくない人が動けないっていう。そういう感じになってしまっている気がしますね。

井上 それが大きいのってやっぱりソフトウェアなんですかね。

神林 ソフトウェアもそうなんじゃないですかね。IT業界……。

井上 でも結局、給料が高ければそれは起きないですよね。相対的に。

神林 どちらかっていうと、給料が低いんだけどそこにいちゃっている人のほうが問題なんじゃないですかね。給料がすごく下がっているのに、そこにしがみついて仕事している……。

井上 うつ病になるくらいだったら他のところへ行った

ほうがいい。でもこれまでの経験外でいい給料があるところに、そう簡単には行けないっていうのが現実なんですかね。

神林 だからそこで行けないってところが問題だと思うんですよ。本来はSIが縮小傾向に向かうはずなんですけど、それに行くには供給サイドのほうが、具合が悪かったりとかして。まずは、ちゃんと回らない人を他の業界にちゃんと出せるような仕組みにしてあげないと。

編集部 どの業界に行けばいいですかね？ IT業界で疲弊してしまった人は……。

神林 いや、いくらでもありますよ。経理でExcel使うとか。いくらでもありますよ。

井上 でも給料は下がりますよね。

神林 給料は下がるでしょうね。給料が下がっても、そっちのほうがハッピーだったらそれでいいじゃないですかっていうのがあって。そういう仕事はあると思うんで。ITを作る側じゃなくて、使う側。ユーザー側だって使うのに能力がいるわけで、それはやっぱりもう少し使いたいんだけどっていう人をとればいいじゃないかと思う。

編集部 Excelの達人として第二の人生を。

神林 優遇されると思いますよ。

井上 ハッピーになるかはわかんないですけどね。でもまあ、うつ状態よりは。

神林 うつ状態よりはましでしょう。

井上 何が幸せかですよね。

神林 コードを書くのが好きな人で、ものを作るのが好きだったら、やっぱり自分で勉強するはずなんで、そういう人は向いているからどんどん伸ばしていけばいいんですけど、そういう人じゃなくて、いや、あ、もう、むりやりコード書いていたり、合ってないんじゃないのと思いながら、お客さんの要求定義をとりあえず起こして、下に投げてぼけーっとしてるような人は、そこにいるのは無駄だと思いますよ。そういう人は多いですよ。本当に。

編集部 少し思うのは、人間って、本質的な特性のところで、奴隷体質みたいなのが、ある種の隷属願望みたいなのがあって……。

井上 それはあるかもしれないですね。

編集部 隷属願望が強い人とIT業界の相性がすごく合う、みたいなことは……。

井上 そんなにSIをさげすまないでください（笑）。

編集部 いや、隷属願望が悪いと言っているのではなくて……。

井上 いや、わかりますよ。自分で決めなくていいっていうのはある種のカンファタブルな状態なんで、SIも長時間労働がなければ、今の給料で満足する人はそこそこいるんじゃないですか。

神林 それはいると思いますけどね。ただ、そういうことにはたぶんならないですよね。

井上 だから、給料をいきなり上げるのは難しいとしても、長時間労働は何とかしてもいいかなと思うんです。さっきも言いましたけど、やっぱり、過剰品質を求める一方で、自分でバグを作って自分でバグを直すっていうのも結構ある気がしていて。

AIもIoTも……

神林 多いですよね。で、いるだけでコストがかかっちゃう人って絶対いるんで、そういう人はいないほうがいいんじゃと思うんですよね。まずはそこからやっていかないとダメで。人間の手でできるものって限界があるんで、この範囲のものはこれでしかできませんと、ちゃんと言うべきなんですよ。そういうことをちゃんと言わないとユーザーさんもSIerもハッピーにはならない。そういうところをちゃんと見直してやっていくってことを、ユーザーサイドだったり、SIerの経営者も考えてやってかないといけないんだけどやらないんですよね。で、やらずに、ビッグデータだのAIだのIoTだの、くだらないことをぐちゃぐちゃ言って。

編集部 そこに戻りますか。

神林 バズワードの話なんかしている場合じゃないでしょっていう話。本当に、何言ってるんだろうと。

編集部 前回のバズワードの話ですね。

神林 そう。今はIoTとAIじゃないですかね。もう、すごい感じですね。いやー。世界が変わるらしいからですね。

編集部 ビッグデータはもう終わったってことでよろしいですかね？

神林 終わりましたね。おつかれさまでした。

井上　（笑）。

神林　ユーザーもバカではないので、ビッグデータの今の最大の使われ方、知ってます？　巷でどう使われているかって？

井上　ん？　統計処理的な……。

神林　違いますよ、たとえば、こないだユーザーさんのところへ行ったときに某課長が「うちのビッグデータ呼んで来い」って言うわけですよ。

井上　あー。情報集めるだけみたいな。

神林　そうそう。「あいつ、机汚いでしょ、インプットはこんなに厚くてアウトプットは何もしない」と。「うちのビッグデータ」と。ああ、なるほど、と。2ヶ所くらいでそういうの聞きました。ミスター・ビッグデータとか。そのうち、あれがデータサイエンティストになるのかなって思って見てたけど、たぶんならない、と（笑）。ビッグデータはそういう意味では完全に、まあ、揶揄されるときのほうが本質を突くんですよ。

井上　じゃあ、5年後には「うちのAI呼んでこい」、みたいな（笑）。

神林　ユーザーさんはバカではないです。そういう意味ではビッグデータっていうのは、ある意味見抜かれてしまったので、ある程度夢を見せるところがバズワードであるって言うんならもう無理ですね。まだIoTとかAIとか、夢を見せているという意味ではバズワードですよね。でも結果は身にならない限りはそういう風になってしまう。これがいいのかっていうと、どうなんですかね。

井上　過剰さがある種の人間の本質なので。前回も言いましたが、僕、本心はミニマリストなので、共感するところはあるんですけど（笑）、何かそれを否定していくと文明自体の否定になりそうだなとも思っていて。

神林　いや、でも否定していってコアなところが残ったところが本質的なところなんですかね。

いるIT、いらないIT

編集部　本質的じゃないIT、過剰なITが結果的にSIerをハッピーじゃなくしていると。

井上　どうなんですかね。でも本質って言っちゃうと、スマホなんかいらないじゃないすか。

神林　いらないですね。

井上　PCもいらないじゃないですか。

神林　いらないですよね。

編集部　でも、そうやっていらないものをなくしていった結果、本質だけ残っちゃうのも不安ですよね。

井上　それは、文明のない状態かもしれない……。

神林　それでもいいんじゃないですか。

井上　共感する部分がある一方で、それを否定しちゃうのも何か違うのかなっていう気も。

神林　それでもやっぱりないと回らないってところもあるので。

井上　どういうところですかね？

神林　たとえば僕のいた小売流通なら、結局POSと物流と受発注がなければ営業は回らないです。なくても人でできるよねっていうのはありますけど、無理ですよ。回らない。

井上　それは受け手が求めているものに対してですよね。

神林　そうです。

井上　でも、24時間営業のコンビニなんてなくてもいいっていう判断もありますよね。

神林　そういう話はまた別の話ですよ。たとえばコンビニエンスストアが成り立つときに、システムなしで人で回るかっていうと回らないですよ。ITとしてミニマムなものっていうのは、絶対にあるわけで、そして過剰なところがあるわけで。じゃあAIいるかっていうといらない。コンビニがすぐにビッグデータいるかっていうとたぶんいらない。IoTいるかっていうといらない。

井上　いや、AIやIoTっていうのはひとつの手段なんですよ。受け手が求めている要求レベルがあって、要はコンビニなら、昔は昼間しか開いていなかったものが24時間開いているようになっているわけです。で、その要求レベルが普通になるのが文明の進化なんじゃないですかね。いいか悪いかは別として、人間の進んでいる方向なんじゃないですか。

神林　そのときに過剰なものかどうか、これは過剰かって話があって、過剰な場合は回らなくなるわけで。実際スーパーマーケットって24時間になるって流れに1回なったんだけど、今、全部やめたんですよ、ほとんど。24時間やってみたんだけど売り上げが上がんないしコ

ストかかるしハッピーにならないって。だから今、24時間スーパーマーケットって減っているんですよ。そういう意味では1回上げて、調整が働いているのは間違いない。

編集部 24時間コンビニが動いているためのITは必要で、ビッグデータでおにぎりがどうとかこの時間に傘がどうみたいなITは過剰? みたいな。

神林 あれはなくてもいいですよね。

編集部 そこの判断基準がむずかしい。

井上 でも、たとえば天気が完全に予測できたら、傘持って行かなくていいとかあるじゃないですか。そんなものいらないって話はありますけど、一方でそういうのを求めているという話もあるじゃないですか。

神林 そういう意味じゃなくて、ITが必要なのは、たとえばコンビニで発注するときに、紙で発注するっていうのはあり得ない。そういう話なんです。業務が回るときにコアで絶対必要な部分があって、物流である程度、全部データを飛ばして、全部EDIで飛ばして、何を積み込んでっていうのをいちいち紙に書き込んでたら絶対に終わらないし、人でもできないところがあるから、そういうところはITを使ったほうがいいんですよ。だから基幹系って言われるところはどうしても残るでしょう。そこをまずちゃんとやる。そこをシンプルにしてちゃんと回るような形にするだけでもかなり強くなるし、ITが注力すべきところもそこでしょう。だから僕がやっているのも、分散環境のほうがスケールが上がったり、いろいろやれることが増えるので、それを基幹系でやりましょう、って話。情報系は究極的にはなくてもいいと思っている。

井上 それはそうですよね。僕もなくてもいいと思っています。

編集部 でもどうしてもITって言うと情報系のほうが華やかっていうか、夢があるというか。

井上 ゲームとかいらない(笑)。でも、あれ、やっぱり必要なんでしょう? ゲームは。

神林 ゲーム、いらないんじゃないですか。

井上 いやいや(笑)。僕はやんないですけど、必要なんじゃないですか、やっぱり。

神林 暇つぶしですよね、あれ。確実に。本来であれば、社会インフラとして必要なITっていうのがあるんで、そこをもうちょっと見つめなおしたほうがいいと僕は思っ

ているんですけど。

コンクリートの寿命とか、マンションとか橋の寿命が来て、40年とか50年でアウトになるっていうのと同じ問題がIT側にも絶対出て来るので、本来ならビッグデータとかに浮かれている場合じゃなくて、そっち側に光を当てていかないと大変なことになると思いますね。そのときってすごく大量に人がいるかっていうとたぶんそうじゃないんですよね。だから本来はそういう仕事をきっちりやるっていう方向にしたほうがいいのかなと。あまり過剰にはならないし。マーケットとしてでかいってわけではないけど、ITとして必要とされている部門をちゃんとやるっていうことにはなると思います。

井上 そこはまったく否定していないです。でも、それ以外の無駄に見えるところも完全否定しなくてもいいかな、みたいな。

神林 本来ならITの経営者の問題ですけどね。トレンドを追っかけて売り上げを上げるんじゃなくて、何が社会的に必要とされているかっていうところまで、本来考えるべきなんですけど、そういう発想がない。最近特になくなった。昔はまだあったんですよね。日立、富士通、NECとか、社会インフラ。ITは社会インフラで、やっぱり社会インフラ部のほうが強かったですよね。力もあったし、話も強かったし、強い人間がいましたけど、今は何かどんどん縮小しちゃって、何かとんちんかんなやつが常務とか専務とかになってきちゃって、ビッグデータほにゃららほにゃららってなってきているんで、まあ、おかしくなってきたよねっていうのはあります。そういうところが業界の最大の課題のひとつって感じがしますよ。もうちょっとしっかりしたほうがいいんじゃないですかね。経営の方々は。ITのいわゆるベンダーは特に。今クラウドだIoTだって言ってるじゃないですか。大手のSIerさんが。バカかって思いますよね。そんなことやってる場合じゃないだろうって。

井上 そういう意味では、ワークスの牧野さんは、経営者として最初からROIをずっと言い続けている。主張が一貫していて、かつ、ビジネスとして提供している稀有な存在かな、と。

編集部 井上さんは前にインタビューで「人の役に立つIT」という表現されていましたね。

井上 ちなみに、僕があの場で言っているのは、「人の

2.SIがハッピーになれない理由　023

役に立つものをやりたい人と、人を楽しませたい人がいる」っていう話で、こっち（＝人を楽しませたい）も否定していないんです。ゲームやる人もいいと思っている。でも逆に本当は人の役に立つことやりたいのに何となく流されてゲーム会社に行っているとしたら、ちゃんと本当にやりたいことを考えたほうがいいんじゃないですかってことを言っているんです。

編集部 本来は人の役に立つべき人が人を楽しませるほうへ行ってしまっている？

神林 ITの経営者側の人が明確なビジョンを出せてないですね。日本のIT企業はどうあるべきかってことについて、本当にまともな意見がないですね。日立でも富士通でも何でもいいんですけど、日本のIT企業は、あるいはIT屋はプロとして何が本来社会的に必要とされていて何をすべきか、そのためにどういう会社組織にして、どういう人にどういう教育をして、どういう仕事をしてどういう品質のものを出していくかって打ち出していくと全然違うんですけど、そんなこともできないので、売り上げだけみたいな話になっちゃうし、新しいことやってるのがすごく大事です、みたいな形になっちゃってるんで、価値あることを創造するとか言ってますけど、そうじゃないんですよ。そうじゃなくて、役割は何なのっていう話です。でかくなればなるほど企業って公的なものになってくるので、そういう中でどういう役割を果たすべきかっていうのを自ら考えて打ち出して、周りと調整をしていくっていうことをやっていかないといけない。企業の、あるいは人の役に立つんであれば。それができないんであればとっとと辞めるべきなんですよ。価値を出せとか、新しいことやれとか、売り上げがすべてだとか言っている場合じゃなくて。最大の原因はそういうところを見れる人がいなくなった。マネジメントの人が。それがIT企業の最大の課題。だから下がよろしくなくなったというところが間違いなくありますよ。

編集部 何かもう、滅びる寸前みたいな……。

井上 この先どうなるんでしょうね。文明って、一度落ちるとそこから違うものも生まれるとかが、あったりするじゃないですか。

神林 まあ、どこまで落ちるか。半導体業界の次はSI業界かぐらいの感じで。どこまで落ちるのか。またね、ユーザーの内製化がね、いい加減なことを始めている

んですよね。SIがだらしないので中で作るみたいなことを始めているんですけど、実態はですね、SIから人を委任で受けているだけなんです。で、常駐させて自分のやりたいようにやっている。結果としてものができなくて、大崩壊っていうのは、結構いろんなところで起きていて、やっぱり覚悟が足りていないんですよね。内製化をやるんだったら、外から呼んできて委任って形でやるとかじゃなくて、ちゃんと人をとりなよと。教育して、そいつのキャリアパスまで決めてあげて……ってやっていかないとものにならないのに、それをやらずに安易に内製化をやろうとなっているので、今、ものすごい勢いで動かないコンピューター、動かない内製化システムができていっていますよ。だからユーザーさんもどういうスタンスでITに臨むかってきっちり決めていかないと。

売り上げが良かったり、調子のいいときには、ITはうちの背骨ですとか言い切っちゃったりして、かたや、売り上げが悪くなったらコストセンターのIT削るみたいな話がふつうに出るわけで。背骨簡単になくすなって。背骨削るか。先に背骨からいくかっていう、そういうのが多過ぎるよっていう話です。だから、ユーザーさんにも問題があります。IT側もIT側でどういうビジョンでやるか打ち出していかないと、働いている人が不幸ですよ。働いている人へのリコメンデーションは「向いてないなら辞めろ」と、当然そういう結論になる。そんなにハッピーなマーケットじゃない。

エンジニアのキャリアパス

編集部 たとえば、ユーザーのほうで、「内製化するぞ」ってなって「あの人呼ぼうよ」ってなったとき、上がそう言ってきたときに、現場の情シスはどういう対応をとればいいでしょうか。

神林 簡単ですよ。じゃあ、人とりますよってなったときに、とったあとで、こいつにどういうキャリアパスを見せるか、そっちで考えてくださいって言えばいいだけですよ。最終的に社長までなれるんですか？ そういうパスはあるんですか？ マネージャーとか、上に上がるパス。そういう道が示せて、かつ実践できるんであればとってもいいと思いますけど、そういうキャリアパスを設定しないで人

をとるっていうのはすごく無責任だと思いますよ……と言えばいいだけです。で、それで対応できるんであれば内製してもいいけど、それができないんであれば、絶対やめるべきですね。で、だいたいできていませんね。なぜかというと、その会社って情報システムを本業としていないので。本業ってたとえば、食品だったら食品を作って売るわけですよね。その中で情報システムって主流じゃないんです。食品会社の社長に情シス経験者がなれるかっていうと、絶対そんなことにはならないので。そういうキャリアをちゃんと考えてあげないとダメですよっていうところなんですよね。難しいですよね。間接部門のキャリアパスってITに限らずすごく難しいです。経理にしたって事務にしたって。だからそんなに簡単な話じゃないです。今までだって難しい間接部門のキャリアパスをさらにもう一個増やすってことが、本当にできるのか。それができないんであれば、内製化なんて口に出すんじゃないって話で。ただ、やらないと回らないよねってことであれば、ちゃんと取り組みましょうよと。

井上 今のキャリアの話はまた難しい話。たとえば、そこに行ったら最終的には社長だよっていうのは、ビジネスをちゃんと考えろっていうメッセージですよね。でも、すべての人にそのキャリアパスがいいかっていうと、そういうことでもないじゃないですか。

神林 だから、ユーザー企業のIT部門に行くっていうことはどういうことかっていうのを意識していかないといけないですよね。プログラムでミドル1本で考えるんだ、ビジネスはどうでもいいっていう人は逆に言うとユーザー企業のIT部門に行ってはいけないと思います。それならプロダクトベンダーとか、そういうところに行ったほうが絶対いいと思いますよ。

井上 あー、それはそうですね。

神林 今はそういう選択肢もないんで。

井上 ワークスにはありますよ(笑)。

編集部 お。

井上 それこそ、技術を極めていって、フェローになったりと、いろいろなパスがある。ビジネスではなくて技術を極めたいっていう人もいるはずなんで。

神林 それはめずらしいですね。たいていのところは、そういう風にいかないですよね。たいていの会社はR&Dで云々だみたいな話をしていても、稼働率が足りな

くなってお客さんが増えて売り上げ優先になってくると、「ハイ、働いてー」みたいな感じであっという間に引きはがして……。

井上 IBMはいるんじゃないですか。フェローとかいろいろありますよね。外資はありますよね。

神林 外資はありますね。

井上 ワークスにもあります。

編集部 何かこう、神林節の合間合間にワークスさんの優位性がキラリと光るみたいな構成になっていますが……(笑)。

神林 いやいや、ワークスさんだって本当にそうですかっていう話は当然あるわけですよ(笑)。

井上 そりゃそうですけども(笑)。

神林 ただまあ、ここまでがんばってきているし。

井上 はい。日本でパッケージとして、3000人……今4000人くらいですか。そこまでの規模になっている会社は実質上、ほとんどないです。

神林 ないと思いますよ。メンバーも時々、お会いしたりしていますけど、しっかりした人が残っているねっていうのはありますね。逆に言うと彼らを維持できなくなったらワークスはつぶれます。間違いなく。あの、そういう自覚があるかどうか僕にはわからないですけど。

井上 大丈夫。ありますあります。

神林 たとえば、富士通とか日立、NECはそういうのがなくてですね、どう見てもこれはコアだろっていう人材がバーって辞めてますからね。こないだも某SI系の常務から電話がかかってきて、「絶対こいつは必要だってやつが辞める、神林さん、俺引き止められなかった」と。で、どこに行くんですかと。外資の某クラウドベンダーに行っちゃうんだよ、と。それは絶対不幸だから止めたほうがいいですよっていう話をするんですけども。そういうのを会社として引き止められなくなっちゃうっていう、かなり末期に入ってきています。そういう意味ではどれだけコアな人たちを支えていけるかっていうのは、今後のワークスさんの試金石っていうか。まあ、井上さんはキーパーソンですよね。間違いなく。

井上 まあ、自分で言うのもあれなんで(笑)。

神林 井上さんがいなくなったら、ワークスはダメですね(笑)。

井上 これを記事にすると、何か仕込んでるのか、みた

いな(笑)。

編集部　いえいえ、とんでもないです。ワークスに井上あり、ということで、今回はこれくらいにして、次回のテーマはどうしますか。

神林　データベースでいいんじゃないですか。

編集部　はい。それでは次回もよろしくお願いします。

CHAPTER

3

データベースが
データベースであるゆえん

データベースとストレージの境界

編集部 今日のお題はデータベースということでよろしくお願いします。

神林 データベース。いろいろな側面があります。まず技術的な話があります。あとは、ベンダーというかプロダクトというか、そういうビジネスをする面ってあまり語られていないですよね。でもそこは外せないという気がしています。ビジネスサイドの話、たとえば特許の話とか、プレイヤーの話ですよね。日本と国外のデータベースベンダーの位置付けっていうか、やり方っていうか、もうどんどん寡占化しちゃっているのが現状じゃないですか。そういうビジネスサイドの話と技術寄りの話があって、技術の話をする人はビジネスの話をしないんですけど、ビジネスの話をする人も、技術とは完全に違う話になってしまっていて、本来はどういう風にお金が流れるかとか、人がアサインされるかっていう問題があるんで、もうちょっとくっつけて話さないといけないんですけどね。そこが足りてない、そんな側面から話ができたらいいなと思います。

井上 まずは技術から行きますか。

神林 技術から行きますか。データベースがデータベースたるゆえんの技術ですね。要はデータベースというのは、僕からするとファイルシステムは違う。ファイルシステムではないっていう発想があるんですけど。要するにモノを収めて出すだけっていうストレージの役割として言うなら、データベースとファイルシステムはすごく似ている。ただ、やっぱりデータベースはデータベースでファイルシステムはファイルシステムで、両者には違いがあって、それは何かっていうのが、データベースの基本的な技術だと思っています。ひとつはトランザクション。もうひとつはクエリ。

井上 そうですね。はい。

神林 もうひとつ、リカバリがあるんですけど、これはファイルでもあるかなっていう気はするんですよ。

井上 リカバリはトランザクションの一環じゃないですかね。僕は、もうひとつ挙げるならデータモデルかなと思っていて。データモデルとクエリは表裏一体のところがありますけれども。データモデルとクエリとトランザクション管理かな、と。

神林 それがあればデータベースって言っていいのか、僕は言い切っていいかなと思っている。逆に言うとそれがなければデータベースと言っていいのかというのは微妙な感じに（笑）。

井上 まあ、便利な言葉で、データストアと呼んだりですね。

神林 データストアはデータベースではないっていう認識なんですか。

井上 結構あいまいなときに使いますね。データベースとファイルシステムもさっき言った3つの観点で言うと違うんですけど、境界があいまいなことがあって、そこをちょっとごまかすときにデータストアとか使ったりしていますね。

神林 そのあたり、特にクラウド的なやつになってくると、データベースというよりはストレージですよね。たとえばオブジェクトストレージ、あれをデータベースと呼ぶのか。僕は違うと思っています。どうですかね？

井上 また前回のような言葉の定義の問題になるんですが（笑）、これは堂々巡りするところがあって……。

神林 クラウドストレージはファイルシステムとは違うっていう認識なんですか？

井上 いわゆるオブジェクトデータベースですか、昔風に言うと。まあ、オブジェクトデータベースっていう言い方があるならそれで呼んでもいいかな、っていうくらいですね。

神林 昔のオブジェクトデータベースと、いわゆるRDBMSですよね、今のクラウド的なクラウドストレージっていうのは、やっぱり同じっていう認識なんですか？

井上 昔はそれこそ、オブジェクト間の関連みたいなものが強く出ていたのに対して、それと似ているのがドキュメントデータベース。最近のオブジェクトを突っ込むっていうのは、このドキュメントの流れっぽい感じですけど、もはやその境界は薄れているかな。

神林 いちばん話題になるのはjoinができるかできないかってところなんですね。そのへんが大きな違い。トランザクションはもう、最初からあきらめているところがあって（笑）。

井上 レベルの問題ですよね、トランザクションは。

神林 そこの境界があいまいになっているよっていうのはどんな風に考えたらいいんですかね？

井上　そもそもデータモデルの話はいろいろ話したい気がしていて。リレーショナルモデルは数学的な基盤もあるし、素晴らしいものだと思っているんですけど、アプリケーションを作る立場からすると、別にリレーショナルモデルだけが唯一のモデルじゃないっていうのが、これは自明だと思うんですよ。なので、アプリケーションからすると、実際のアプリケーションのメモリで見れば、ツリーも持っているし、オブジェクトもグラフだし、配列もあるし、それが自由に永続できるものっていうのは、アプリケーションサイドからすると非常に便利で、データストアの行く先としては正しい姿ですね。

神林　それはデータベースとは違う、実際にはバイナリで入っちゃうよみたいな、一時期のRDBは何でも入るよみたいな話になってしまって。

井上　まあ、今でもJSONにしろ、バイナリだろうと、何でも入れられる……。

神林　まあ、JSONストレージが、たとえばMongoDBなんかが代表的ですけど、ああいうのが僕はJSONストレージだと思っているんですね。

井上　JSONストレージですよね。

神林　それがデータベースかっていうと違うだろと。ただ、みんなMongoDBっていう言い方をしている。データベースって言っているけどそれ、違うんじゃない? と。

井上　ちょっと分けておきたいのは、言葉としての正しさと、有用か有用でないかって話。言葉の定義はどっちでもいいかな、という気がしていて。データベースと作っている人間が呼んでいて、ファイルシステムとの明らかな違いでデータモデル、クエリ言語があって、トランザクションはレベルがたくさんありますけど、まあ、一応少しあれば、データベースと呼んでいいかなと。最初の3つをデータベースの定義とするならですね。

　MongoDBもCassandoraもそうですけど、トランザクションのレベルが低いとしても、データモデルがあってクエリ言語があるので、データベースだと思うんですよ。で、その話と有用か有用じゃないかはまた別の話だと思うんですよね。

神林　なるほど。ただ、データベースっていう言い方をしたときに、普通のユーザーから見ると、間違いなく頭に浮かぶのはRDBだと思うんですね。それはデータベースですよっていう言い方をしたときに、何も知らな

い人からしたら基本的にRDBと同じことができるのかと思ってしまう。で、それができないっていうと、アレ? っていう話にはなるんですよね。そこは、少し問題になっているところがあって、たとえば、RDBしか使っていないような人がスケールアウトするRDBみたいな言い方でNoSQL系が出たときに、やってみたら全然違うよねってなって、割とギャップがありましたと。

井上　ギャップはあるでしょうね。

神林　そこらへんはちゃんと交通整理をするっていう意味では、少なくとも売るほう、売るほうっていうか、SIするほうもそうですけど、それからプロダクトを売るほうも、ここまではストレージで、こっから先はデータベースっていうのはちゃんと線を引いておくべきだと思うんですね。そのときの基準としてのデータベースはRDBであるべきだと私は思っているんですよ。

井上　僕にとってのデータベースの基準は、データモデルがあること、クエリ言語が何らかの形であること、それからトランザクション管理があること。で、たまたま最初のやつがリレーショナルモデルで、たまたま2番目のものがSQLで、ACIDレベルのものがあるっていう認識。

神林　であれば、全然、データベースですね。

井上　で、そこから外れたらもうデータベースではない、と。でもそれってリレーショナルモデルじゃないとダメなんですか?

神林　モデルは何でもいいと思います。

井上　SQLじゃなくてもいいですよね?

神林　SQLじゃなくてもいい。クエリがちゃんと、まあ、joinができるっていうのが前提ですよ。

井上　あ、joinができることが前提? じゃあ、それを4つ目の条件に……。

神林　いや、joinできないクエリって、そもそもクエリって言っていいんですか。

井上　この中ではクエリを、あの、APIのイメージを持っていて、そしたらファイルパスで……。

神林　そうするとファイルで、パスで呼んでくれるから、それはクエリとは言わないですね。

井上　それはレベル感かもしれませんね。ファイルシステムはファイルパスというひとつのクエリがあるという見方もできるので、もしかしたらファイルシステムとデータベースの境界ではないですかね。joinできるかどうか

は半分データモデルな気もする。

神林 joinできるかどうかは、データモデルもありますけれども、正規化できていないとjoinできないのでモデルに依存している部分もあると思うんですよね。そもそも正規化しなくても入ってしまうようなものですよね。できなくはないですけれども、そういう意味だとやっぱりjoinができるとは言わないですね、一般の人は。

井上 joinができるからデータベースであると定義してしまうと、グラフでちゃんとした、かなり複雑なクエリまでACIDもできましたっていう場合でも、joinがないとデータベースじゃないっていうことになっちゃう。そうなると、もはやデータベースイコールRDBになってしまう気がしますね。言葉の定義として。

神林 そうなっちゃうかな。

井上 言葉の定義としてですけどね。データベースの定義としては、データモデルと──ちょっとクエリ言語が話しているうちに微妙な気もしてきたんですけれども──トランザクション管理。これもレベルがあるんですけれども、これがあることがデータベースとファイルシステムの違いで、リレーショナルモデルはSQLとACIDのレベルがきれいにまとまっているひとつ。

神林 NoSQLって、やっぱりきれいにまとまっていないですよね。

井上 ものによるかと。たとえば、Cassandra。別にCassandraを擁護しなければいけないわけじゃないんですけれども(笑)、最初の頃の簡単なKVSではなくてビッグテーブル型のデータモデルがあって、CQLというSQLのパクリみたいなものがあって、トランザクションのACIDではないですけれどもある程度のレベルがあって、と見ると、まあひとつのデータベースということになるのでは。

神林 そういう意味で言えば、HBaseなんかもそっちに寄ってきてほしいという話になる。NoSQL系って明確に分かれているような感じがして、そういうデータベースに寄っているものと、完全にストレージとして割り切っているというようなオブジェクトストレージとしてみたいなところがあるかなと。

井上 あるかもしれないですね。あるかもしれないし、KVSもデータモデルとか言い出すと……。

神林 あれはデータモデルとは言えないと思いますけ

どね。そういう意味だと、ファイルシステムとあまり違いはないですね。テーブルモデルがあるかないかの違いでRDBとは線を引くのであって、ファイルシステムとオブジェクトストレージがどこが違うかというと原理的にはそんなに変わってないですよね。そうするとオブジェクトストレージ……。

井上 ……とデータベースの境界は、さっきの3つの基準で何となく分けられるけれども、ちょっとグレーゾーンもあるのかな、と。

RDBはなぜここまで成長したのか?

神林 今後はどうなっていくんですかね。

井上 さっきちょっと言いかけたんですけれど、アプリケーションから見ると、それこそメモリの状態をあまり考えずに永続化されるのが便利だっていうのがありまして、そのとき必ずリレーショナルに、O/Rマッパー的にやるのが2000年代のひとつの常識だったんですけど、そこにとらわれなくてもいいかなという気もしていて。

神林 もともとはオブジェクトストレージがあって。

井上 あって失敗しましたね。

神林 何で失敗したんですかね。

井上 何で失敗したんですかね。

神林 僕もユーザーだったんですけどね。

井上 あ、使ってました?

神林 オブジェクトストアを使っていました。ユーザーサイドでしたけれども。

井上 僕は実は経験はないのですけれども、僕はアリエルの前にNotesを作っていて、Notesはアプリケーションとして成功した実例ではありますけれどもね。

神林 オブジェクト型はやっぱりRDBが比較対象として挙がっていたので、そこに引っ張られてしまったというところが、実装的にはいろいろあって。あと完全にオブジェクト型になっていたかと言うと、実は下はページモデルだったりしてですね、トランザクションの境界をいろいろ自分で考えないといけないとかですね。それだと透過的にオブジェクトは使えないよなとか、いろいろな問題があった。言っているほど使い勝手が良くなかった。

井上 たぶん、RDBも初期は性能だったり、いろいろ

問題があったけれども、結局投資が進んで成長して行ったと思うんですよ。だから、オブジェクトデータベースが失敗したのはなぜか？ という問いは、RDBはなぜここまで成長したのか？ という質問にも代えられるかと思います。

神林 SQLが大きかったのではないんですかね。みんな標準でセレクト、アスタリスク、ホニャララホニャララとやりたい、それは極論すると馬鹿でもわかるので、それで一発で行けるというのが魅力的だった。それは間違いないと思います。SQLを実装する、しないっていうのがデータベースではでかい話になってしまっていて、それはオブジェクト型だろうとNoSQLであろうと、その他いろいろな、下手するとドキュメントDBみたいなものでもSQLが使えるか使えないかがでかくなってしまう。それは使えるかどうかとは別の話であって。

井上 一方で、Webアプリの世界ではO/Rマッパーが流行にもなったじゃないですか。その世界になると、実はSQLは原則、隠れていく。90年代、むしろSQLがあったおかげでRDBが進化して、何となく増えて、アプリでも続けて、でも直接SQLを叩くのはめんどくさいのでO/Rマッパーになった、というのがひとつの歴史ではありますよね。

神林 最近SQLが復帰気味な気がするんですけれども。

井上 そうですね。何ていうか、反動というか（笑）。O/Rマッパーはやっぱり性能を出すのが大変なので。

神林 ……っていうのと、やっぱり分析みたいな話になってくると、SQLを直接叩いたほうが……。

井上 そうですね、結局Hadoop対応もSQLですから。

神林 ところが、じゃあSQLって何よ、みたいな話があって。というのもSQLでもかなり方言があって、方言と言うにはあまりにも分岐し過ぎだろうというか、それは標準じゃないだろうというようなものまであって、それをどうするかという議論が置き去りになったまま、SQLをNoSQLで使えたらいいよねみたいな話になっているので、みんなオレオレSQLになってくるんですよ。

井上 まあ、CassandraのCQLなんかも半分そうですね。

神林 そうですね。だからHiveなんかも典型的で、あれHiveクエリであるHive query languageであると言い切っているんですけれども、いやどう見てもSQLに持って行ってるよねと。たとえば、HadoopだとPigとHiveがあって、ほとんどHiveが決定的でPigがなくなったわけですね。Pigは完全にSQLではなかった。で、どっちがデザインとして優れているかという話であれば、いろいろな意見があったんですけど、デザインだけで見るならPigのほうがかっこ良かったですよね。ただ、使い勝手とか、SQLを使っている人たちに対するニーズっていう意味ではHiveのほうが満足度が高かった。

ということで、圧倒的にHiveに倒れてしまっているというのが現状で、技術的にいいという話とは全然別に、SQLが使いたいなというニーズがある。さらに、それで実際にSQLがちゃんと使えているのかというのがあってですね。だいたい使えていないんです。単純にクエリを投げて取って来いというときはいいんですけど、複雑なクエリをしっかり、論理演算を考えてやるっていうのは非常にハードルが高い。SIをやったり、SIのお手伝いをやっている人たち、僕の場合だと要するにバッチが遅いわけですけれども、バッチが遅いというのはたいていの場合ですね、SQLがよろしくない。そういうことがすごく多い。現実的にHadoopなり、Sparkでやりますよとなると、速くはなるんですけれども、そもそもこのSQLが問題なのであって、これを書き直せば速くなるんじゃねっていうのが……。

井上 それはRDBでもありますよね。ふつうの話として。

神林 そういうのを見ている限り、満足にSQLが使えていないというのか、あるいは使いどころが悪いと言えばいいのですかね。バッチ的なものっていうのは、あまりSQLには向いていない。正確に言うと、データからデータを作り出す処理で、かつアウトプットが複数に分岐するような場合。

井上 あー、アウトプットが複数はつらいですよね。

神林 そもそもSQLはクエリを絞る形で行かないといけないので、業務系のバッチ処理って基本的に、エラーがあったらエラー処理はそこで分岐するわけじゃないですか。そういう処理がたくさん入ってくるとSQLって書きづらいんですよ。できなくはないんですよ。がんばればできるんですけれども、基本的にはかなり無理があるにもかかわらず、それをSQLで書いてしまうので、結果と

してパフォーマンスが出ないような実行計画になってしまうというのはあって、そこを直すのが先だろうというような話もある。

井上 「そこを直す」の「そこ」っていうのは、SQLを使わないという話にまで持っていくべきだと思います？

神林 いやSQLでバッチが書けるようにモデルをちゃんと作るとかですね、そっちからやってかなきゃいけない。

井上 でもさっきの、本当に向いていない、入力1に対して複数出力、というところでもうSQLの限界ですよね、設計が違う。

神林 だから僕らはAsakusaっていうのを作ったんですけれども。

井上 SQLより上のDSL。

神林 それでないと、そういうものの処理ができないので。

井上 ある種、WebアプリのときのO/Rマッパーと、レイヤーとしては観点が似ている感じですね。

神林 似ていますね。

井上 今、たまたまSQLの話をしていますけれども、ソフトウェアの世界では割とありがちな話。レイヤーの低いものがあって、それをどんどん積み上げて……ソフトウェア工学の誰かの言葉で、あらゆるやっていることは抽象化というか間接化であるという、有名な言葉があって、とりあえず積み上げていくという話で、SQLの上にAsakusaがあり、Webアプリの世界ではO/Rマッパーなんですよ。

SQLは言語と見なされていない

神林 そのあたり、SQLの功罪みたいなものはあると思う。結局クエリ言語って言ってしまっていいと思うんですけれども。

井上 プログラミング言語に似ているかもしれませんね。いったん慣れたら、なかなか他のところがやりづらい。

神林 そこがおもしろいんですよね。どういう言語がいいとか悪いとか、俺はあれが好きだとかこれが好きだとがたくさんあるじゃないですか。RubyがいいとかJavaはダメだとか、いやGoはイケてるとか、いろいろな話題

があるんですけど、おもしろいのは、SQLについてはそういう話がないんですよね。SQLはSQLであって、好きか嫌いかとか、使えるか使えないとか、そういう議論しかなくて他の言語はこっちが優れている、こっちは優れていないとかそういう議論があるんですけれどもSQLだとそういう話が一切ない。これはおもしろいなと思っているんですけれども。

井上 クエリ言語としてはやっぱり優れてますかね。

神林 宣言的じゃないですか。宣言的というのは本来難しいんですけれども、それがこれだけ、ふつうの人が使えてしまっているというのは、逆説的ですけど冷静に考えるとおもしろい（笑）。で、そこにみんな入れたくないというか、忘れたいのか触れたくないのか、どういう言語が好きかという話になったときにSQLの話にならないんですよね。時々わざと入れるマニアックな人が一部にはいますけれども（笑）。

井上 時々いますよね（笑）。

神林 ライトウェイトな言語選手権でSQLだ、みたいなことを言う人もいますけれども、それはごく一部のマニアの人。そう考えるとSQLって言語として見なされていないですよね。そこは何て言うか、結局アプリケーションとデータベースの分け方のひとつの線の部分にSQLというものがたぶん、あるように見えるんですよね。それはそれでデータベースサイドでやる話で、そこはまた違う議論であるという切り方が、システムを組むときにSQLはもう言語ではない、という考えが常識的になっているところがあるのではないか。

井上 何とも言えないかな。考えることが多過ぎると、ある部分をブラックボックス化したいというのが開発者としては自然なところで、ここから先はよくわからないけどクエリ言語、というのはいろいろなレイヤーであると思うんですけど、そのひとつがSQL……。

神林 あり方として、パフォーマンスを追求する形に持っていくのか、多少パフォーマンスには目をつぶっても、使い勝手とかメンテナビリティにウェイトを置くのかっていうのはトレードオフじゃないですか。そのトレードオフが管理できればいいと思うんですよね。パフォーマンスを取りたいんで、多少、開発の不便性には目をつぶるとか、あるいはパフォーマンスよりは拡張性を重視するとか、そういう、うまく境界線を決められるというのが僕は

032　ITは本当に世界をより良くするのか？

ベストだと思っているんですけど、たいていの場合は決められない。そこがもう少しフレキシブルにできるといいなと思っているんですけど、そこを今のSI的なもので、たとえばデータベースっていう枠で考えると、SQLというのは線を引いてしまっているっていうところはあるんじゃないかなとは思います。

井上 SQLの代替が、プログラミング言語に比べるとほぼないという話をしましたけど、ある種、もしかしたらそれはNoSQLなのかとも思うし。

神林 あー、それだと失敗しちゃったな、完全に。

井上 失敗しましたね。失敗したんだけど、SQLだけがすべてじゃないということで見ると、ひとつの流れではあって。まあ実際にGoogleとか、RDB以外もいろいろ使っていて、そのときはSQLじゃない形をしているはず。

神林 本来、それはあっても良かったんですよ。API的なものでデータアクセスをしてデータ処理をしてしまうっていうのは全然ありだったんですけど、そういう方向には倒れなかった。

井上 どうなんですかね。今後、RDBが支配的な状況が続くか、クエリのところをどんどん広げていくと、それこそクラウドの先のWeb APIとかもひとつのクエリみたいなもんじゃないですか。そういう見方もできて、そういう方向に進んでいけば相対的にSQLの地位も下がっていくかもしれない。各論で見ると、結局HadoopもSQLが入って来たりがあるんですけど、アプリケーションの連携とかにまでなってくると、SQLというのはどんどん見えなくなっていく。

神林 どうなっていくかですよね。実際感じるのは、昔はテーブルを見せろという話があったんですよね。

井上 今でもありますね。

神林 ところが最近はAPIを作れという話のほうが若干増えている気がするんですよ。僕らはデータレイヤーをやるのが仕事なので、どう見せるかってなったとき、SQLで行けますよという議論と、API作りますよという議論があるんですが、これはお客さんやカルチャーによって違う。若い、今風の会社はテーブルとかSQLより、APIでやりまっせというのが多い。昔というか、トラディショナルな会社は、テーブルを見せろというのが非常に多い。だから少しずつ変わっている部分はある。そうすると鬼っ子だったSQLは今後どうなるかというのは

非常におもしろいというか、難しいところになっていくんじゃないかと。

井上 まあ、どっちが好きか、文化にもよると思いますが、基本的にはAPIの世界になっていくかなとは思っています。

神林 僕は両方、という言い方も変ですけど、個人的にどっちが好きかというとAPIのが好きです。

井上 それは一致していますね。

神林 やっぱりセンスないです、SQLは。それははっきりしているんですけど、ただオプティマイゼーションだとか、過去の積み上げ、クエリとしての積み上げっていう意味だとぶっちぎりでSQLなんですよ、僕からすると。

井上 うーん。それは、APIにして、その下のオプティマイゼーションができないっていう話?

神林 できるんですけど、SQLって言語体系じゃないですか。それをベースにしたものから最適化するロジックの積み上げ、っていうかjoinツリーひとつとっても、計算の探査空間まで、どれが最適かわかるまでやれるだけやっているわけで、そういう意味だと割とよくできていると思っているんです。

井上 実装が?

神林 実装も含めて、理論も。Web APIだと生の話になるので、手で全部ガチャガチャやればいいですよね。っていう意味での最適化にはなってしまうんですが、積み上げ的な理論とか、割と一般的な個別の話になるじゃないですか。SQLは割と標準化されている部分はあるので、それにもかかわらず、コストベースで最適化できているっていうのは、それはそれで完成された世界ですごいなと思いますね。Web APIの世界は逆に言うと何でも来いの世界で最適化は当然できるんですけど、都度のアドホックなアプリケーションを、ある意味作ってしまっている。

井上 アプリケーションの視点なんですよね。

神林 で、ちょっとそれは効率が良くないかなという気がする。資産として、将来に渡すべきものが、それは結局メンテする人間がいなければ最終的にメンテできないということなんですが。SQLについてはいろんな人が議論して積み上がってきているものがあるので、たとえば俺がいなければOracleは次に使えないとかっていうことがないじゃないですか。確かに一部、Oracleの中

3. データベースがデータベースであるゆえん　033

の人は特定の個人に依存している可能性はありますけれども、ある人が辞めたから開発が止まりましたっていうことは基本的にない。ただ、Web的なAPI的なもので全部やってしまうと、それをよくわかっている人間とか、積み上げがない形になると、そいつが作った考え方がわかならないと、そいつがいなくなったときにメンテナンスができなくなるんじゃないですか。

井上 SQLは真に優れているか否かという話と、デファクトだったので蓄積があるという話は、何となく違うんじゃないですか。何でもいいですけど、COBOLだったら技術者がたくさんいますとか、まあ減ってきているかもしれないですけど、仮にCOBOLはダメな言語だとして、技術者とか蓄積があるので有用ですという話と、今、どっちのイメージですか？

神林 優れている理由はどこかっていうことで、考え方の共有化がしやすいと思っているんです。SQLの実装の話をしています。

井上 リレーショナル的な話でもなく。

神林 違う。SQLのどう処理することが一番スピードが出るか、効率が出るかということについての考え方のひとつの体系が整理されていて、エンジニアの間で共有化されているというのは非常に大きいと思っています。API系のものはそういう部分はどうしても薄くなる。なので、そこはやっぱりSQL的なもののアドバンテージはあるんじゃないかな。

　どっちが優れている優れていないという視点で言うと、いろんな視点があると思いますが、ひとつ、SQLが優れているという視点はある。好きか嫌いかで言えばAPIのほうが僕は好きなんで、だって、きれいにデザインをしたほうが効率もいいし、美しいですよね。SQLは無骨、エレガントではないので、どっちがいいかと言われればAPIのほうがいいのですが、いろいろな側面で優れているかどうか検討するのであれば、SQLの実行系のところというのはなかなかバカにはできないかなと。

井上 SQLが優れていて実行系を作れたのは、SQLというクエリ言語の何か本質的なものがあるんですかね。それとも、たまたま40年の歴史があるからですかね。

神林 本質的なところはあまりないと思いますね。歴史の部分かと。ただ、SQLが標準化できたというのが大きくて、あれはオレオレSQLがたくさんあったら最適化の

仕組みにしても何にしてもあまり正規化は進んでなかったはず。少なくともこういうものだという合意が取れて、その上での実行計画の最適化だったり管理の仕方だったりするのでそこが大きかったんじゃないかなと。

井上 そういう意味だと、リレーショナルモデルの部分が本質的なんでしょうね。

神林 そうかもしれないですね。

井上 クエリはSQLじゃない何かがあっても、たぶん40年間IBM、Oracleがずっとやっていればすごいものができていましたよね、クエリ言語によらず。

APIのこれから、RDBのこれから

神林 そうするとAPI系が今後、どんな風にリファインしていくかっていうのはおもしろい。どういう方向に行くと思います？

井上 APIはAPIの方向で進んで行って、SQLみたいな標準化には行かないと思います。アプリケーションの世界だと思っているので。

神林 考え方っていう意味だと標準的な考え方は出てくると思うんですけど。

井上 それを言うなら、ひとつWeb系で、RESTは言葉上はデファクトになっていますよね。実態はともかくとして。あんな感じで、APIとしての考え方が標準的になっているんじゃないですかね。

神林 ひとつはDSLみたいなものがあるじゃないですか。ドメインにある程度制限した形であれば、データのアクセスの仕方、ある程度それの呼び方っていうのは共通言語になり得るところがあって、それはAPIと言っても上位レイヤーに近い形の考え方がある。もうひとつはRESTくらいな感じの抽象的、もう少し低いレイヤーでの標準化みたいなものがあって、両方それなりに進むんですかね。ただ、データベースの実装系の話になると下のレイヤーの話で、上は作ってねみたいな話になっちゃう気がする。

井上 クエリだったりAPIだったり、DSLだったり、僕の中では同じ領域の言葉なんですけど、どちらかと言うとデータモデルのほうが気になっています。神林さん的にはリレーショナルモデル押しなんでしたっけ。

神林 僕、昔は嫌いだったんですよ。

井上 ああ、そうなんですか。

神林 リレーショナルモデルは嫌いでした。というのは、Javaで開発していたので、オブジェクトで全部処理ができるものをわざわざリレーショナルモデルに書き換えてしなきゃいけないっていうのが、もう。

井上 O/Rマッパーやっていると不毛な感じがしますよね。

神林 不毛でしたね。車庫に車を入れるのに、車ごと入れるんじゃなくて、部品を全部バラして部品にして縦横に直して入れて使うときにまた組み立てろっていう話かと。何でこんなリレーショナルモデルにしないといけないの、という。そういう意味だとリレーショナルモデルにはあまり魅力は感じていない。リレーショナルモデルはかくあるべきみたいな話があるけど、僕からしたらどうでもいいですよ。

むしろ、データの一意性、何がキーで、何と何が同じで、何と何が同じでないかがちゃんとできるのであればどうでもいいというのが僕のスタンスです。だから第五だとか第三だとか第二だとか正規化がいろいろありますけれども、そんなことより、まずこいつとこいつは同一であるということをどう認識するかということがシステムの第一歩であり、最終であるというスタンスなので、そういう意味ではモデルはあんまり関係ないって思っています。それをどういう風に使うかという意味ではモデルは出てきますが、手段なので好きとか嫌いとかではなくて効率的がいいか悪いかでしかないので、何が絶対的かということはあまり議論はない。そういう意味だとキーとそれについてのものがちゃんと紐付けができて、それについてクエリ処理ができる、トランザクションができれば僕はもう十分。

だからNoSQLの何が不満かと言うと、キーの使い方付け方について制約が多過ぎるだろうというのが、あるっちゃあるんですよ。もう少しセカンダリキーも含めて、最初出たときの、キーの付け方自体が正規の特徴のひとつみたいなところがあるじゃないですか、NoSQLって。あれは不満でしたね。だからそれに応じて逆にモデルっていうか、使い方が制約を受けるでしょ、っていうのがあって、そこは今でも引っかかっています。

井上 ちなみに僕はリレーショナルモデルは好きで（笑）。

神林 なるほど（笑）。

井上 きれいじゃないですか（笑）。

神林 きれいですよね（笑）。

井上 きれいだと思っているんですけど、ただそれだけで済まないというか、アプリケーションサイドから見るとそんなに使いやすいわけじゃないなと思っている。キーで識別されるものが同じものは同じものだとちゃんとしようという話で、リレーショナルモデルの一番根本的なテーゼというのは、1ファクト1プレースであり、冗長的に持たないということだと思っているんですけど、さっきの神林さんの話で言うと、冗長的に持ってもOKなんですよね。

神林 OKです。

井上 アイデンティファイできて、同じものの重複だと。極論すればjoinできなくてもjoin済のものがあって、関係性がこれとこれのjoinしたものが、ある種グラフが揃えていれば、クエリのときにjoinとかしなくても……。

神林 構わないです。僕は分散屋なので、データは同じものがいろいろなところにあるというのは仕方がないという前提をしくことは多いので。

井上 僕もリレーショナルモデルの1ファクト1プレースは美しいと思いながらも、アプリケーションを作る立場からすると、現実解として冗長もありって思っています。そこは一致していますね。で、さっきの同じものがちゃんと同じものとして識別される、違うものは違うと識別されるのは、NoSQLだとキーの制約によりつらいというのがちょっとわからなかったのですが。

神林 たとえばタイムスタンプをキーにしなさい、というのをポンと強制されている段階があったり、ある種のオブジェクトなりある種のキーを逆に入れなきゃいけないということを強制されるっていうのはもう少し柔軟性があってもいいのかなと。代わりのものを使えばいいとかいろいろあると思うんですけど、根本的なところで使い方が、NoSQLの出自って結局、特定のユーザーさんがある特定のことをやりたいがために作ってきたものが非常に多いので、そのときの何がやりたかったかということに向いている形になっていますよね。その汎用的でない部分、そこはちょっと使い方でしょ？って言われればそうかもしれないんですけど、そこがフィットしないと感じる

3.データベースがデータベースであるゆえん　**035**

ところがありますね。

井上 今、念頭に置いているNoSQLって何ですか?

神林 僕はHadoopだったんでHBaseですね。

井上 Hbaseで、キーの付け方の制約によって、本当にやりたい、同じものは同じ違うものは違う、という制約を受けるというのがいまいちわからない。

神林 こちらで一度、あの手この手で考えてやらないと、考えてやってセットすればできます。それが直接的、直感的でない。結果として実装がめんどうくさくなるし、見通しは悪くなるし、そもそも何しているんだこれはという話になる。そういうのが嫌ですね。

井上 まあRDBは外部制約とか少なくても、関係性、リレーションシップのほうがデータベースとして持っていて、NoSQLは持っていなくて、そこを誰がやるっていう話ですよね

神林 そうですね。そいつを自分でやるのかっていう話。まあこれって、本来データベースの話ではないんですけどね。どうしても難しいですよね。業務系の処理をメインでやっていくと、そこの部分が設計の根幹になるんですけど、意外にIT側が決められないケースがある。じゃあユーザー側が本当に決められるかって言うと、ぐじゃぐじゃ微妙なことを言う。世の中のたいていのことは決められないんですよね。

　たとえば単純な話、魚って名前が付いているけど、決められないですよね。地方によっては呼び方が違う。呼び方が違うだけならまだいいんですけど、出世魚ってことになると、関東をこのサイズの魚をこう呼ぶんだけど、関西に行くとそれはこのサイズであの名前でというの話になって、1体1対応じゃないっていう話になる。そもそも何をもって、これとこれは同じかと、決められないよということが、この世の中には実は多いという。

井上 それはデータベースの話じゃないですね。マイナンバーの話とか。

神林 それを言い出すと、そもそもマイナンバーがユニークかという話もあって(笑)。デジタルベースの話じゃないんですけどね。ただ、データを整理するときに本来むりやりやらなくてはならないのは、何が同じで何が同じでないかっていうのを区別しないといけない。そいつをストアできて、かつそれについてクエリを投げることができて、ある程度コンカレントになってもちゃんと分

離しますよということができれば十分データベースとしては機能すると思うんですよ。逆に言うとそれが機能しないとなるとなかなか厳しい。僕のデータベースに対する考え方はそんな感じですね。データベースの技術的な話はこれくらいでいいですかね。

編集部 大丈夫です。難しくて話に全然ついていけないですが。

井上 本当に難しいトランザクション管理の話をまだしていないですよ。

神林 そうですね。本当にね、よくできているんですよ、トランザクションは。コンピュータサイエンスの中で一番よくできていると思うんですよ。トランザクションの話はまた別の機会にやりますかね。話すことは1年ぶんくらいあるんですけど(笑)。

編集部 ええ、そうですね。そろそろビジネスの話を……。

井上 ビジネスの話。

神林 Oracleどう思いますかって話ですよね(笑)。これは聞きたいですよね、やっぱり(笑)。

CHAPTER
4

Oracle寡占は打破できますか？
オープンソースはどうですか？

寡占状態のほうが楽だけどつまらない

神林 これは業界では有名な話で、ワークスさんの某アプリケーション、基幹になるものはOracleべったりでございます。ストプロをバリバリ使いまくりでっていう時代があったんですけどね（笑）。

井上 それはどこから情報がいっているのか知らないですけど（笑）、ストアドプロシージャ、実はなくしています。

神林 あー、すごいですね。

井上 むしろその内情はどこから出てきたんですか（笑）。

神林 別のところからいろいろ……。

井上 実は一番最初はOracleじゃないんですよ。あと、ストアドプロシージャはべったり過ぎるので結構な長い時間をかけて減らしています。

神林 で、今回のCassandraっていう話が……。

井上 ええ、Oracleと決別。

神林 Oracleが嫌いなのかっていう話ですか。高過ぎて嫌になったのか。

井上 うーん……これにはいろいろな要因があると思いますね。まぁ……いろいろと。

神林 結局僕らのDB業界って……僕らって言いましたけど、僕が入っているかどうか微妙なんですけど（笑）、Oracleって一部のユーザーさんから"アロガント"な会社、"アロガント"という英語の形容詞が使われちゃうくらいの強い会社で、結局、読売巨人軍みたいな存在なんですよね。特にDB業界でのビジネスって面で言うと。

井上 アロガント、つまり傲慢、ですね。

神林 そうですね。ユーザーさんに言わせれば、たとえばサポートの値上げを1年に2回やってしまうとかあり得ないとか。ユーザーさんからしたら、予算で決まっているんだから途中で上げられたって困るのはわかるだろうって話みたいで。そういうところが、あまりユーザーフレンドリーじゃなくて、独占を盾に取れるものは取るという風に見られるところがありますね。現実に傲慢か？という議論とは別に、やはりナンバーワンというのは風当りが厳しい。

井上 でしょうねえ。

神林 ただ一方で、Oracleをどうしても使わなきゃいけない、使いたいっていう人もいる。それはRDBに関して言えば、やれることはほぼすべてやっていて、非常に使い勝手がいい。だからどうしてもOracleがいいっていう人もいて。これは選択肢が少ないという意味であまり健全ではない。

井上 そうですね。

神林 昔はRDBもそれなりに種類があったのに、今はどんどん減ってしまって、サイベースですらなくて、今、SQL ServerとOracleくらいしか……。

井上 DB2がありますよ。

神林 まあ、5個か6個あったのが半分くらいになってしまっているのが現状で、寡占化がこれ以上進むっていうのはRDB業界としてはあまりいいことではないのかなというのがあります。その一方で、ソフトウェアに対してお金を払わないという文化があるのであれば、それから産業を守るために寡占化して、取れるところから取ってこいというのは、それもありといえばありかなというのはあって、その意味では寡占化やむなしって考え方もあるわけです。それが今、瀬戸際というか、綱引きをやっているという印象です。

井上 誰と誰が綱引きを？

神林 ユーザーとベンダーが。ユーザーさんから見ると、寡占化は嫌だけど、Oracle以外から買いたくないというのも多かったりして、そこらへんがどうもすっきりしない。

井上 まあ、そうですね。難しい問題。あまり結論は出ないですけど、OSだって、みんなWindowsを使う。ある意味、楽といえば楽ですよね。実は寡占したほうがユーザーにとっては楽な世界もある。トータルで見たらもしかしたら得をしているかもしれない。ただ、これは個人的な意見ですけど、それもつまらないので壊してもいいかなと思います。

神林 多様化という意味ではつまらないですよね。何でもOracleになってしまう。ちょっと良くないなと思うのは、Oracleが売り上げをどんどん上げていかねばならなくなり、いろいろM&Aしました。で、買ってどうなったかというと、たぶん儲かっていない。もともと行き詰まって、結局身売りになっているわけで。そいつをOracleが買ったからといって売れるかというと、そうそう簡単に

売れるわけではない。そうすると、その赤字の穴埋めにOracleDBの値段を上げますという話に、結果としてなってしまっているのではないかと思います。仮にそうだとするとOracleユーザーは、本来つぶれて淘汰されなければいけないもののコストを払っているという形になって、正当な対価でやりとりをするというビジネスの基本からずれてしまっているような気がします。Oracleにしても金がほしくてやっているという側面もあるとは思うんですけど、むしろ全体として食わせないといけないっていうのがあってやっているのが実態に近いんじゃないかな。それで、それができてしまっている。そこがRDBでナンバーワン、オンリーワンになりつつあるというのは市場にはあまりいい影響はないような気がします。

井上 前回の話と同じで、IT固有、DB固有の問題なのかっていうと、そうでもない。いったんデファクトになると、使う側は実は楽だし、トータルで見ると得をしている、まあ、今の話だと得じゃないところもあるかもしれないんですけど、意外とプラスマイナスでいうとプラスかもしれない。でも、それだとつまらないので、変わってほしいかなと思うので、変えたいと思う人は先陣を切って何か変えていくしかない。

神林 結局、DB業界全体として、どうやってOracleを出し抜くかみたいな話になっているフシがありますね。一強とそれ以外。そこがDBのビジネスシーンとしては明らかに20年前とは違う形になってきている。

やっぱりDBも含めて、Oracleのプレゼンスが、いちばん大きくなったのがSunの買収です。ある意味OracleとSunって文化的に対極だったところがあって、DECとCompaq並のインパクトがあったのは間違いない。結果として、Sunの文化はやはり消えつつある。Sun由来のいろいろなものにOracleの名前を付けてしまうんだけど、そもそも何をしたかったのかが、見えにくくなる。正反対の文化を持って来るとき、それをうまく尊重してやるっていうんだったら意味があるじゃないですか、多様性の維持を中に持つとか。でも、そういう発想がいまひとつ見えない。

編集部 なぜSunを買収したんですか？

神林 ハードがほしかったというのが、まず一般によく言われている話。

井上 ハードの部分では一定の成果を上げていますよね。

神林 エクサがあれだけ売れていますからね。それはある。ただ、Solarisは、がんばっているんだけどいまいち……。

井上 誰ががんばっても、結局Linuxの世界に勝てる気がしないですね。

神林 というわけで、いろいろまわりまわって……閉塞感がRDB業界に出て来てしまっている。

井上 それはそうですね。

神林 そこがねえ、もう限界じゃないかなって。

井上 行動を起こせる人が何かするしかないですかね。単体の企業だけだと、まあ単体の企業もがんばればいいんですが、まあ、これあまり幻想を抱くと噛みつかれるかもしれないですけど、オープンソースから……。

神林 オープンソースでしょうね。ただRDBのオープンソースという意味だと……。

井上 RDBでなくてもいいかなと。Cassandraも含めて。

オープンソース≠ソースがオープン

神林 オープンソースの話もしたほうがいいのかな。オープンソースも含めて、最近僕の中で話題というか、いろいろなところで話題なのがオープンソースと、ソースがオープンなだけなのは違うよねっていう話。真のオープンソースって何なの？って話ですね。僕らみたいな分散処理屋だと、HadoopとかSparkがあるじゃないですか。基本的に、たとえばそれなりに手順を踏んで、pull requestを送っても、結局却下なんですよ。考え方の根幹でこういうのをやってほしいとか、こういうのがあるともっと拡張できると、仮に伽藍とバザール的な話であれば当然入るべきだろと思っているものがガシガシ蹴られる。それは僕ら以外にも、感じている人は結構多くて、それは要するにオープンソースなのではなくてソースがオープンなだけだろうと。

井上 伽藍のほうですよね。

神林 何がおかしいかと言うと、Hadoopなんてオープンソースの代表格と言われているじゃないですか。で、気付いてみるとたいていのオープンソースは特定の企

業の監視付きのひも付きになっているのが実態です。

井上 成功しているものはそうですね。

神林 ……っていうことは、その企業あるいはそこの意向がそのオープンソースのプロダクトに非常に影響を及ぼすというか、それ以外はやっちゃダメよくらいの勢いになっている。それってオープンソースですか。そもそもオープンソースではなく、ソースがオープンになっているだけであって、企業も意思としては他に普及させるというのは当然あると思うんですけど、いいものがあったら取り込みたいみたいな話ですよね。……っていうだけの話なので、何かそもそも論とは違うよねみたいなことをすごく最近は感じるなと。

井上 伽藍とバザールの話って15年くらい前の話ですよね。バザールの一例がLinuxで、あれは伽藍じゃないかと思ったりもしましたけど、Linuxはバザールがうまくいっていると思います？

神林 Linuxはいろいろ言われましたよね。結局暴君がいるとか何とか言ってはいますけど、僕はあんまりLinuxにかかわっている口ではないので感覚的に言いますと、今のHadoopとかSparkに比べれば、まだLinuxのほうがオープンソースに近いという印象を持っています。言い方は悪いですけど、透明じゃないですか。これはダメだということが、議論として流れてくる。ライナスがこう言ったとか、全部わかるわけですよね。ある意味、それなりのルールを敷いているじゃないですか。

井上 ……という話もあるし、見えてないところで何かやっているかもしれないけど、わからないですよね、本当のところは。

神林 でもできるだけ出してそこで議論したいねみたいな……。

井上 文化はあると。

神林 そこがだんだんスポンサーの色がつけばつくほど、文化のほうが薄くなるのは間違いないんですよ。たとえばLinuxについてもどこから金が出ているか、結構大事な話で、ある特定の企業の息がかかっている状態であれば、ライナスと言えどもクローズドになる。そうでなかったというのは結果として、特定の色がつきにくいという状態になっているので、オープンソースにより近い形になっていると思います。

井上 バザール型になっていると。

神林 それがFacebookとかGoogleとか……。もうGoogleなんか典型的な話で、やつらがオープンソースだっていくら言ったって、誰もオープンソースだなんて思ってないですよ。

井上 Googleのもの、ですよね。

神林 だから今風のオープンソース、HadoopとかSpark、Googleが出しているのとか全部含めて、まだLinuxのほうが伽藍とバザールではバザールに近いというところがあるんじゃないかと思います。

井上 もしかしたらオープンソースでバザールができるのは、例外的に奇跡的なモノづくりをしたところだけという……。

神林 むしろそうなってしまっているんじゃないですかね。そうするとプロダクトベースオープンソースって言ったときに結構難しい話になりつつある。結局プロダクトを担いでいるところと、ある特定のオープンソースをサポートしている企業との戦いになると思うんですよ。たとえばRDB的なデータベースのオープンソースが出たという話になると、バックエンドにでかい企業が付かないとお金が流れないし人が行かないですよね。そうなると、実態はその企業とOracleのケンカにしかならないんですよ。それはオープンソースとプロダクトって戦いではなくて、構図的には金を持っている人たちの戦いでしかない。

井上 それはなしっていう意見ですか？

神林 や、なしではないですけど。

井上 僕はありかなと思ったんですけど。RDBだったらOracle、OSだったらMicrosoft、何らかの寡占化って資本主義の下では進みがちで、その対抗軸として企業が集まるときのひとつの旗印として使わないと、小さい企業が単独でがんばっていても資本力で負けちゃうので手段としてはありかなと。

神林 それは金を集める手段ということですかね？

井上 金と人を集める手段として。

神林 ありと言えばありなんですけどね。

井上 それしかないかなと。

神林 でもそれは、プロダクトベース v.s. オープンソースという枠組みではないですよ。プロダクト v.s. プロダクトじゃないですか。あるプロダクトを打ち破るために別の

プロダクトを持って来るんだけど、そのやり方がちょっと違うだけで。

井上 やり方としてもオープンソースという手段を活用しないと。一度寡占化が進んだ業界に入るには、変えようと思うとそれしかないのではと思います。

神林 僕はリーガルなもので割ってしまうというのが本来のマーケットのやり方ではと思っています。ふつうに考えたら、Oracleを分割すればいいという議論に進むかな、と思っています。

井上 それは大きな政府的な考え方ですか。

神林 しょせん資本主義なので、人がどうこうできる話ではないので。

井上 そっち派ですか……。

神林 仮に寡占化した企業の弊害を除くのであれば、それ以上のポリティカルなもので一回シャッフルすることが、結局、一番効率がいいと僕は思っているので。そうではなくて、弱者連合を積み上げて、強者を叩くっていうのはそもそも無理でしょう。それくらいだったら逃げ出したほうがまだいい。それをやるのは別のファクターですよねっていう風には思ってますね。

井上 なるほどー。

神林 Oracleに対抗するっていうのは難しいですよ。

井上 難しいですね。

神林 陣営を集めたところで。Googleでさえ難しいと思います。巨大資本と巨大資本の戦い、でも、まだOracleのほうが強いとなってしまうともうどうしようもないですから。仮に寡占の弊害のほうが、メリットより大きいということであれば、それはまた別の方向で、多様性を取り戻すという風に振ったほうがいい。

井上 うーん。

神林 手続きとしては、デュープロセスを踏む必要はあると思いますけど、やり方としてはそういう話かなと。

井上 僕は、個人的には自由競争主義者で、上からの大きな政府的な分割よりは、市場に任せて寡占が進んでもオープンソース内で何らかの集団で対抗軸があってっていうほうが正しいなと思っています。企業も年数が経てばCEOもどうせ死ぬし、だんだん体力も弱まっていくかなと。

神林 でも、なかなか死なないですよね（笑）。なかなか人が死ななくなっているので（笑）、まあ、結果、DB業界自体がちょっと閉鎖的になってしまっているというのがあるかなと。

井上 DB以外もどこもそうかもしれないですよね。OSもそうだし、グラフィック系だったらAdobeだったりとか、結局寡占は進みますよね。

神林 今回ちょっとだけ、いろいろ多様性が出てくるチャンスがあるかなと思っているのは、分散系の技術のほうがだんだんデファクトになるっていう流れです。背景は簡単でムーアの法則が限界になってしまったので、もう分散処理しかない。他の選択肢がなくなったというのが明確になってきた。でもOracleのアーキテクチャって基本的に分散じゃないんですよね。あれは単純に単ノードスケールアウトをまずは前提としているRDBなので、分散処理でのスケールアウトは難しい。イチから作り直せば別ですけど。技術的なトレンドで言うとそこがDB業界の唯一のチャンスですね。Oracleが進んでいるというよりもむしろ、足かせになる部分もある。

　加えて、技術的にはいろんな波が来ていて、たとえば不揮発性メモリなんかもふつうに使えるようになってきているというのは結構大きい。リカバリを激しく実装する必要がなくなってきている、これはでかいんですよ。データベース自体を作りやすくなってきているんですよね。Oracleとは違うアーキテクチャで、かつ、環境がそっちに向いているというのがあるので、閉鎖を打破できそうな環境が少しずつ見えてきている。

井上 寡占は進むけど、意外となくなるときは、支配的な階級がガーッとなくなるときもあるので。

神林 あれだけ強かったIBMがここまで弱体化していますからね。ちょっと考えられないですよ。日本法人はほぼないも同然となっているし、全体としても汎用機の力が非常に落ちているのは間違いないし、全盛期の半分以下ですよね。3分の1くらいじゃないかな。そういうのは当時を知っている人間からすると想像ができないですよ。Oracleと言えども、やはりうかうかはしていられない。データベースはビジネスとしては閉塞的なもので寡占化が進んで来ているんですけども、これからガラッと変わる可能性は当然あると思います。DBの今後を占うひとつの流れかなという気がしますよね。

反省：我々はデータベースに関する勉強が足りない

井上 今回、反省しましたっけ。

神林 反省していないですね、特に。

編集部 言っているほど反省していないじゃんという読者諸氏の突っ込みを待ちつつですね……。

神林 クラウドは反省したほうがいいですよね。

井上 いやあ（笑）。

神林 クラウドはひどいな。

井上 今回反省すべきは誰ですかね？ Oracle はまあちゃんと自分がやりたいことをやっているからいいんじゃないですか。

神林 Oracle は反省しなくていいんじゃないですか。反省しなきゃいけないのは、勉強していないエンジニアと勉強していないユーザーさんですよね。何でもかんでもプロダクト買ってやればいいやとやってしまって、挙句の果てに値段が上がったら嫌ですとか、何言っているんだと。昔、うちはナンバーワンの製品しか買わない、そのほうがリスクが最小化されるからだ、と言い放ったユーザーさんもいらっしゃいました。みんながそうしたらどうなるか考えないんですよね。ベンダーを育てているという意識がユーザーにはないですね。昔はもうちょっとあった。

井上 ないでしょうねえ、それは。

神林 そんなことをやっていればしっぺ返しを食らうのはあたり前で、自分だけやらずぼったくりで、コストかけずにうまくやれればいいみたいな話が、うまくいけばいいんですけど、そんなに世の中簡単なわけがないわけで……うちはナンバーワンの製品しか買わないとか言っておいて、挙句に、Oracle はアロガントだ何だとごちゃごちゃ言ったところで……。

井上 Oracle はわかりやすく悪者っぽいですけども、インターネットの検索でとりあえず Google を使うじゃないですか。それも構造としては同じですよね。そこでユーザーが勉強して Google 以外の何か使うかっていうとなかなか。たとえば、Bing 使ったら何かいいことあるかって言うと……。

神林 それはエンドユーザー、一般視点とプロフェッショナルなものとは違うと思うんですよ。そのへんのうまいものを食うっていう話とあまり変わらない。Google 使うっていうのは、スーパーへ行ってりんごを買うっていうような話です。別にりんごについて専門家である必要はない。でも、りんごを作っている人たち、りんごを売っている人たちから見たときに、そのりんごはどうなのかという話はちゃんとおさえていかなければいけない話で、ユーザーと言ったときに、一般ユーザーの話ではなくて、IT にかかわるユーザー……。

井上 情シスですね。

神林 そうです。情シスです、簡単に言うと。あとはベンダーですよね。っていうことについては、やっぱり大いに反省すべきだと思います。プロ意識が足りない。Google で検索するみたいに DB 選ぶなよって話ですね。

編集部 反省会っていうタイトルにしたのは、神林さんの記事からなんですが、神林さんの場合、最後に必ず自分に跳ね返ってくるというか、自省モードに入るということで、だったら反省会でいいのではないかと思って付けました。

神林 そういう意味だと我々はデータベースに関する勉強が足りない。

井上 （笑）。

神林 足りないですね。そこからやり直すというのがスタート地点だよなあと。日本はデータベースの研究をしているアカデミアがほとんどなくなっちゃっているんですよ。まともな教科書もないでしょ。ないですよ。ないです。いやあるんですけど、あれはあるとは言わないというレベルですね。今、アカデミアが一生懸命ムキになっている自然言語とか、その手のやつはどうでもいいんだよねという話があって。結局日本の IT もこう言っていいと思うんですけど、コンピュータサイエンス的な話ってすごくガラパゴスに見えるんですよね。まあ、自然言語分析、解析の話をしても結局日本語でやっているから日本語の解析をしているだけで、そりゃあね、その中では強いでしょうと。グローバルで見たときにあんまり意味がないわけですよ。

井上 日本語やる人は日本人以外いないですからね。

神林 あとはスパコンにしても日本の中で閉じている話で、ああやって 1 位だとか 2 位だとか言いますけど、じゃあ、それを HPC の技術を民生、あるいは他のプロダクト

に生かして、日本全体のITにプラスになるようにしているかっていうとそんなこと全然ない。そうすると象牙の塔でもさらに閉じていて、結果としてなんの役にも立っていない……もう、何の役にも立ってないですよ、ほんとうに。

編集部 またその話に……。

井上 まあ、日本のITと言うと確かに……

神林 だって、日本のITでアカデミアからのフィードバックを受けてってほとんどないでしょう。おかしいじゃないですか。バークレーとかMITにせよ、ストーンブレイカーみたいな役回りの人たちもそうだけど、官民一体というか、大学とそういうITの技術を使う会社っていうのが非常にタイトな関係を結んでいて、人のやりとりとか技術的な情報の共有化を高度なレベルでやっているわけじゃないですか。他の業界と違ってITは、R&Dの結果がストレートに出るところがあるわけですよ。そういうところ、本当はアカデミアみたいなところにうまく立ち回ってもらわないと、少なくともお前ら公共の金でやっているんでしょと言いたい。

井上 まあ、お金も人も足りてないのかもしれないですけどね、本質的に。

編集部 筑波大学とかが……。

神林 全然役に立ってねえよっていうか。お前らもう少し反省しろと。ところが、向こうはやっているつもりなんだよね（笑）。そこがまた腹立たしい。

井上 大学の力というか、人材は別にそれなりにいるかもしれなくて、絶対数はアメリカとかに比べると少ないかもしれないけど、その力をどう生かしていくかみたいな話はしてもいいと思います。

神林 癒着してどろどろになるっていうデメリットも当然あるわけですが。

井上 筑波で思うのは、さっきの大きい政府的の話。筑波って結構小さい会社で国からの補助金で生きている会社あるじゃないですか。それがダメだなと。

神林 ありますね。あれはダメですね。趣味になっちゃうんですよ。どういう風にベンチャーが生き残っていくかと考えたときに、今の日本は小さい会社がやりづらい。理由は簡単で消費が伸びないというか、マーケットがどうしても変わらない。特にエンドの人口比がどんどん年寄りになっていくわけじゃないですか。そうすると最終

消費者というか、あるいはプレイヤーが年寄りのままなわけですよ。今だってITのトップ、たとえば情シスの部長とかどんどん年齢だけが上がっています。会社全体がそうなんで、70で社長とか、80で社長とか、普通にたくさんいらっしゃるわけですよ。これだってね、コンビニでね、いいですか、コンビニですよ、コンビニの社長が70とか言ってるんですよ、おかしいでしょう、って誰も言えないのがおかしいでしょう、はっきりいって。バカなんじゃないのって。もともとああいうのって小回りが利くところで勝負していて、どうやってリーチを増やしてってっていうところをやらなきゃいけない業態なのに70かと。バカも休み休み言えっていう話で、もう、辞めやがれっていう話でしかないですよ。能力関係ないですもん。年齢の話だから。

編集部 でも今の70歳って若いですよ。

神林 若くないって！違うって！ 僕、山登りをやっているので、山に行くじゃないですか、60、70の人たちがたくさんいるんですよ。彼らは完全にリタイアしている。それで、毎日登っている。そうやって自分の趣味を楽しんでいる人がいるんですよ。ところがね、70、80で社長とかやっている人はもうね、高いビルの上のほうで、こんな顔して机にしがみついていて、まったくリタイアできない（笑）。

編集部 顔は別にいいんじゃないですか（笑）。

井上 大学からも人が……。

神林 そういう人がたくさんいるので、社会自体が硬直化しちゃって、マーケットが変わらないんですよ。だから新しいベンチャーが出てきたり、小さい会社が伸びようとしたときに、マーケティングができない。

井上 はい。

神林 だから伸びない、一生。

神林さん、60歳になったらどうするんですか

井上 結局人もそうだし、お金を回すっていう意味で言うと、前に神林さんと個人的に話したときに、ノーチラスはそんなに大きくしていかないと。

神林 ええ。全然大きくしていかないですよ。

井上　でもやっぱり日本を、たとえば大学を巻き込んで、シリコンバレーとバークレーとか、ああいう感じにしていくって考えると、会社を大きくしてお金を回すという気概を持ったほうが筋は通ってるんじゃないですか。

神林　それだったら別のやり方します。

井上　別ですか。

神林　ノーチラスではない。ビークルなり、他のやり方でやる。会社にはミッションがあるし、目的があって、それに応じたサイズとやり方っていうのが当然あるので、それに応じたものを作ってやらないと破綻します。会社は人の集まりなので、人の集まりっていうのは組織のあり方そのものなので、どういう組織でやるかっていうビジョンを明確に描いて人を集めてやらないと、途中で変えるっていうのは無理です。それだったら最初から別の組織で作ったほうがいいです。というのが私の結論。

井上　で、ノーチラスはそうじゃないですか。でも、今日の話で、日本のITを上げて金を回すためには、大きい会社を目指すほうが筋は通っている。

神林　それはそうでしょうね。お金っていう意味だと。

井上　あとは、できる能力っていうのもありますよね。牧野さんみたいな、いい意味でのクレイジーさとか、大きい会社を目指して、失敗するかもしれないけど、できるっていうのはすごいかなと思いますからね。

神林　ワークスさんは、ここまで大きくなったら失敗はないですね。あとはこれだけでかい組織をどうやって運営するかのほうが大変ですよね。難しいと思いますよ。大きいと。

井上　でも、そういう人がいないと日本の中でITに金が回らないですしね。

神林　やっぱりユーザー企業がどれだけまじめにITに取り組めるかが大きいと個人的には思っていて。僕、ユーザー企業だったじゃないですか。ITいらないんですよ。極論すると。

編集部　またその話に……。

井上　まあ、前回も出ましたけれども……。

神林　いらないですよ。そこをもう少し変えていかないと、難しいよね。

編集部　高齢化、長生きなのがすべて悪い。

神林　法律で決めたほうがいいと思う。商法でも何でも書けばいいんですよ。代表取締役社長は60歳以上はなってはいけないって。明確に法律に入れれば、ぐじゃぐじゃ言う必要はない。入れればいい。僕はそういうスタンスですね。法律で決まってるから、以上、はい、クビ！って（笑）。

編集部　どっちなんでしょう。一方では、できるだけ長く働いていただいて、みたいな。生産人口として考え方も。

神林　働かなくていい。働くんだったら人手が足りないところで働いてください。机に座っている仕事じゃなくて、レジ打ちでもいいですし、いろいろ人が足りていないところがたくさんあるので、そういうところで働いて、仕事がしたいんだったら感謝される仕事をしてくださいと。

井上　ものすごく意地悪な質問していいですか。

神林　はい。

井上　神林さん、どうするんですか、60になったら。

神林　え、辞めますよ、そんな（笑）。ばかばかしいですよ、やだよ社長なんか、冗談じゃないよ、何言ってるの。もう決めてるもん、引退の仕方。

編集部　（笑）。

神林　さっくり若手に渡しますよ。で、バシッてブログ書きますから。俺はやめる、若い人に渡した、ざまーみろ、と。

編集部　それは誰に対してのざまーみろ、なんですか（笑）。

神林　俺より年上の社長・会長全員に。お前らは引退できなかった。俺は引退した。この1点をもって、俺はあんたより賢いし、えらい、以上って書いてやめる（笑）。

井上　それはその時点で十分にその後の生活に困らないお金はあるという？

神林　それはもう前提です。それはやらないといけないので。

編集部　それができなくて、やめられない人もいそうですよね。

井上　またさらに意地悪な質問していいですか。

神林　はい。

井上　お金が万が一なかったら、コンビニのレジ打ちしますか？

神林　やるんじゃないですかねー。

井上　本当にやります（笑）？

編集部　ちょっとやりそうですよね。

神林 僕得意ですよ、レジ打ち。やりますよ、いくらでも（大笑）。

井上 やりますか（笑）。知り合いが来たら恥ずかしくないですか。

神林 全然ないですね。ええ。全然ないです。

編集部 キャラクター的にいけそうな感じなのがずるいですね。エプロン着けて。「いらっしゃい！」って。

神林 品揃え変えちゃう。

井上 でもたいていの人は、やっぱりプライドがありますからねえ。

神林 そういうのは、今はもうあんまりないですね。僕だって昔はありましたよ。やっぱり一応大企業のオーナーの出身じゃないですか（笑）。それが喧嘩別れで飛び出てきて、ベンチャー入って、頭下げてっていうのをやって、営業をして、ここまで来ているところはあって、それはやっぱり折り合いをつけるのが難しいときはありましたよね。僕が運が良かったのが、一番最初に会計士をやったときに、ペーペーで入って、営業をやったんですよ。M&Aの営業をやりました。M&Aの営業ってあらゆる営業の中で最もタフな営業のひとつで、その当時はM&Aというのがマーケットとしてなかった時代に、電話をかけて、御社を売りませんか？って言うわけですよ。今はもうM&Aってそんなに抵抗ないと思いますけど、当時そんなこと言ったら、バカヤローって切られる。それを100回くらい電話をかけてやっとつながる、そこからスタート、みたいなことをやってたんで、怒られるのがふつう、できない営業がふつう、で、ノルマだけは1億円とかあるわけですよ。どぶ板ですよ、完全に。……というところからスタートしたので、頭を下げるということに関してはあまり抵抗がないんですよ。だからえらいから頭を下げたくないとか、見られたら恥ずかしいとか、恥ずかしいってもうやっちゃってるし、みたいな。そういう意味では逆に言うと、常にみんなやっておけばいいんですよ。そういう若いうちにやっておけば、抵抗はないですよ。

井上 若いうちのつらい経験と実際のある程度のぼりつめた後の転落、転落という言葉を使うとあれですけど、だいぶ違うんじゃないですかね。

編集部 たぶん、今の70歳の人にもう自分は引いたほうがいいという自覚がない。

神林 ないない。それで、すごく長生きしている人たくさん知ってる。

編集部 そこの自覚を促していく……っていうのが、ますます今後なくなっていきそうな気がするんですよ。神林さんは特別だとしても神林さんと同じ世代の人が、65、70になったときに自分はもう終わりかって思うかっていうと、「いや、最近の若い者はなってないからまだまだで俺が教えてならないと」とか何とか言ってですね……。

井上 うーん、それはある。

神林 あるあるある。牧野さんだってわかんないよ（笑）。

井上 まぁ、わかんないですけどね（笑）。

神林 だから体力基準を設ければいいと思うんですよ。たとえば、100メートルを……。

井上 今言うのは簡単なんですけど、自分の身になったときにどうなのかな、とは思いますね。

神林 いやあ、僕は全然ハッピーだと思いますよ。

井上 十分にお金があって、自分のプライドが保てるなら引退も全然できると思うんですけど、そうじゃない、落ちぶれた形になった場合に、みんな受け入れられるのかなと。

編集部 社会に参加していない感じに耐えられるのか。

神林 参加はいくらでもできると思うんですよ。ボランティアをやればいい。飯くらいくれるでしょうという話になるし。やっぱりその、仕事の中に自分の存在意義を見いだそうと必死になるのが間違っているんですよ、そんなのないんだから。

井上 それは人間の本質かもしれないですよ、あんまりそこを否定しても……。

神林 そういうのにこだわるから、会社の中にいなきゃいけないみたいな発想になるんですよ。別にいなくたって世の中変わらないんですよ。

編集部 会社がいちばん居場所を見つけやすい……。

井上 見つけやすいんでしょうね。

編集部 ボランティアに行けばいいっておっしゃいますけど、リタイアしたおじさんがボランティアとかに、こう、会社時代の威厳を保ちつつ地域社会に入って行くとですね、それはそれで周囲の人間が……。

井上 偉そうに！って（笑）。だから別の国に行ければ

いいのかもしれないですね。日本人がつらいのは日本語問題があるので、老後に別の国とかそんな簡単に行けない。だから、コンビニのレジ打ちでも別の国で知らない人のところと誰かと会うところでは全然違うかもしれない。

編集部 そんなんなるんだったら、いっそ、カジュアルに安楽死とか……。

井上 そんなに簡単に死にたくない（笑）。

神林 死に際はきれいにしたほうがいい人はいるかと。

井上 今は日本語だとどうしても他の国って難しい。それができる人ってうらやましいな。たとえば英語圏だったら引退して別の国でっていうのもやりやすい。言語的な問題なく移住できるんだったらうらやましいですよね。

神林 引退しても日本だからねえ。めんどうくさいんだよね。

井上 生活費がそんなにかからずに、日本語で不自由なく生活できる外国があったら……そういう国を作ればいい。

神林 もうちょっと全体的に給料が上がれば良かったんだけどね。

井上 それはそうですね。

神林 ワークスも給料上げないと。

井上 すごく高いですよ。

神林 いいですね。

井上 初任給むちゃくちゃ高いですよ。

編集部 わぁ……。

神林 でも日本は安いよ。一般企業の40とか50の中間管理職の給料と、40、50のできるエンジニアの給料ってエンジニアのほうが低いですよ。おかしい。平均的に言うと1000万いけば日本だと十分で、それを超えたら同じ。2000万だろうが、3000万だろうが、1億だろうが同じ。逆に1000万以下は、900、800、700、600はみんな同じ。

井上 1億も同じなんですか。経験あるんですか。

神林 経験あるかどうかは内緒ですけど、あったところで、そんなに金って使えないです。くだらないフェラーリ買うとか、マンション買うとか、それくらいしか使い道ないでしょう。食い物だって、1億使えないし。趣味に1億使えって言ったって、耐久消費財を使わないで1億使ってくださいって絶対無理ですからね。博打は別で

すけども。

井上 数億あったら、投資をしておいて、職を失っても、不労所得を作れる状態を作れるかもしれないじゃないですか。それを作れない状態とはだいぶ違うじゃないですかね。

神林 そんな投資は回らないですよ、今は。それは投資っていうよりは貯金においておく、取り崩せますっていう話だと思いますけど。それはありますよね。ただ、それは年収じゃなくて貯金の話で、今、年収としていくらもらってれば俺はいいのかっていう話で、貯金がいくらあるかっていうのはまた別の議論。年収としては1000万。2つ基準はあるんですよ。年収としていくらあるかっていうのと、貯金としていくらあるかっていうのと。

編集部 なるほど。年収1000万を目指せばいいのですね！

神林 目指せばっていうことは1000万もらってないと。1000万を超えるとあんまり気にしなくなると思う。だから、「これ以上気にしなくなるように1000万ください」って社長に言うのはあり（笑）。まぁ、それで出るかどうかは別ですが（大笑）。

編集部 雲行きが怪しくなってきたので、今回はこのくらいにしておきたいと思います。次回もよろしくお願いします！

CHAPTER

5

分散系による分散系のための
分散談義／パッケージはつらいよ

P2Pの黒歴史

編集部 前回の終わりに次のお題の候補として出てきたのが、分散or集中、クラウド、SI、人材育成、トランザクション、Fintech、ブロックチェーン……といったあたりになっております。今回はどうしましょうか。

神林 個人的にはブロックチェーンについて、井上さんに聞きたいですね。というのも井上さんはずっとP2Pでしょ。だから言いたいことが山ほどあると思うんですよね。それをいろいろ聞いてみたい。

井上 ブロックチェーンだけではそんなに時間がもたないかもしれないので、分散集中の絡みで話せばいいかと。

神林 分散処理の話から入るのだったら、井上さんが今までどんな風に分散処理の流れを見てきて、この先どうなると思っているっていうところから、やっぱりおたずねしたい気がします。ずっと、井上さんは分散じゃないですか、キャリア的に。

井上 まあ、そうですね。

神林 P2Pから来て、今、ワークスのプラットフォームをCassandraに大幅に変更するところですよね。歴史の流れとか、それぞれのコンテキストでなぜ必要だったのか。そのとき必要とされていた環境とか、エンジニアとして勉強していかなきゃいけないこととか変わってきていると思うんですけど、これをどのように見ているか、先達としてどんな感じかなっていうあたりを聞きたいです。

井上 神林さんも分散系じゃないですか。

神林 僕もそうですね。ただ、僕が始めたのはHadoopのちょっと前くらいなので、それより以前のものっていうのは、まあ、漏れ伝わって聞いていた限りだと、日本的には、「すごいけど使い物にならない」っていうのが相場でしたっていうのは聞いていて。Gridなんかは形は出たけどパフォーマンスが出ずにギブアップでしたとかですね、そういう話を聞いているだけなので、そのあたりの、過去の流れから理論的なやつとか、表向きの話はともかく、実態としてこんな感じだったみたいなところが……。

井上 じゃあ、P2Pの話から行きますか。

神林 P2Pの話からじゃないですかね。やっぱりP2Pの話はちゃんと、誰かまとめたほうがいいですよ（笑）！

井上 黒歴史かもしれない……（笑）。

神林 黒歴史でしょ、どう見ても。だから絶対表に出ないし。たとえば、Notes時代のP2P、それから僕らからするとそのあとNapsterとか、ああいうものが最大手っていうか、話題になったし、使っている人も当然いたし、あのへんの時代から見ると、今の見え方って違うと思うんですよね。そのへんをおうかがいしたいですよね。

井上 なるほど。これ、結構話が長くなりそうだな（笑）。P2Pはそもそも、まあ、最近またブラウザ間でやったりとか、本当にかつてのNapsterの時代とか知らない世代もいるかもしれないですけど、NotesはP2Pじゃないですね。

神林 そうなんですか。

井上 うーんと、まあP2Pもいろいろ定義があって、前回もいろいろ定義したんですけど（笑）。Notesの特徴が分散、というのはあります。非同期的なレプリケーションで、マスターマスターなので基本的にはコーディネーションがなければコンフリクターを切ると。実際、コンフリクトを起こしてしまって、コンフリクトをユーザーに見せて解決するというある種の割り切り。ただ一方で、だいたいの業務アプリ、特に申請系は動いていた。あとはまあ、メールだったり、比較的ウェルパーティショニングにデータができればだいたいうまくいってたのが、90年代。だいたい証明していたな、と。

ただ、それってあんまり流れ的にはP2Pは技術的に言うと関係なくて。人の流れで言うと、レイ・オジー、Notesの会社を作った人間が、Groove Networksという会社を作って、ちょうどまさにアメリカでNotesを作っていたころ、Grooveを作って、Notes作っていた開発者がどんどんGrooveに抜けて行った時代なんですけど、あれが本当にP2Pの流れですね。で、時代をさかのぼると、それより前にNapsterはあったかな、確かに。

神林 それより若干前じゃないですかね。

井上 歴史の順序があいまいになっている……（笑）。Napsterがあって、Gnutellaとかがあって……Notesはもっと前ですね、85年くらいからあって。Napsterは90年代なのかな……95年とかそれくらいですね。で、ファイル共有の世界では大爆発して、WinMXとか、Winnyとか、ファイル共有の世界ではうまくいくことがある程度実証されていて。

ビジネス方面で言うと、レイ・オジーが始めたGroove
があって、日本で言うと、我々みたいなアリエルがあっ
て、そのあとSkypeが現れたりですね。さらにアカデミッ
クのほうで、そのあとにDHT、分散ハッシュテーブルが
出たのが2000年前半、というのがだいたいP2Pの流
れ。分散ハッシュテーブルが出たころにはアカデミック
的にはある程度理論は整理されていましたけれども、
商用的にうまく行ったのはSkypeぐらいだったかな。
Skypeと、あとはBitTorrentが比較的うまく行った実例。
それ以外はGrooveも結果的にMicrosoftに買収され
て、ほぼ消え去って、アリエルもビジネス的にはいまいち
だったからワークスと一緒にやることになったり。

神林 後進から見ていると、当時の分散の理論的な、
たとえばLamportとか活躍した時代って80年代じゃな
いですか。そのときの理論と、そのときの現実の分散の
システムというか、あり方ってかなり乖離があるっていう
印象を受けるんですが、その当時はどういう風に見られ
ていたんですか。

井上 いわゆるトランザクション管理を、その当時は結
構割り切っていた感じがしますね。Notesもそうですし、
ファイル共有もコンフリクトしたら.1とか.2とかで打っちゃ
えばいいじゃんっていうレベルだし、Skypeとかになると
逆にもうデータの整合性はないので、単なるメッセージ
ング。なので、もともとあった分散のトランザクション系
の話と、当時のP2Pはあんまり連携していなかったです
ね。

神林 なるほど。今後も話題になると思うんですけど、
複数のノードがあって、部分的に更新されてしまってい
て、どっちが正しいかわからないというようなことってい
うのは当然、理論的には解きづらいし、中には解けた
という人もいるんですが、いまだに、ほとんど9割がた
の人は解けてないでしょっていうのが現状で、その問
題っていうのは話題になったんですかね? Lamportの
Byzantine障害とか、あのあたりですが。

井上 あったんですけど、さっきも言ったように比較的、
コーディネーションよりは、マージして一定のところに落
ち着けばいいっていう現実的なところで、それでコンフリ
クトが来たら.1と.2みたいに2つ持てばいいじゃんって
割り切っていましたね。

神林 なるほど。それは、そういう実際の現実の運用

から見たときの結論は、コーディネーションを最終的に
はヒューリスティックにやりなさいって話じゃないですか。
それがそうせざるを得ないのか、それとも環境が変わっ
てくれば、ある程度そういうこともやらずに、何らかの手
法で、割り切ってオートマティカルに正しいほうに振るの
か、それができればそれに越したことはないとは思うん
ですけど、そういう風になるような感じがしますかね?

井上 あんまりしてないですね。あんまりしてないです
けど、まあ、状況としても、マージも何となくアプリケー
ションレイヤーでやっていたものが、CRDTみたいに
オペレーションとしてきちっと形式化されるとかの進
歩はあるかもしれないですけど、それ以上はちょっと、
Quorumによる結果整合性、Paxosを使うCAS操作み
たいなものがある程度レイヤーとしてできて……ぐらい
が、本当に分散を問い詰めるなら、限界点かなという気
がします。

分散の現在地—
あまり進歩していません

神林 そこで分散の環境の考え方になってくると思うん
ですけど、たとえば、ある閉じられた閉域のネットワーク
の中で、極論するとラックの中、データセンターの中、イ
ンターネット的に誰かわからないけど、とにかくノードが
ありますよって、それぞれ環境自体が全然違うじゃない
ですか。で、そのへんの、今おっしゃられているのは、イ
ンターネット的な?

井上 まあ、かつてのP2Pはまったくそうですよね。

神林 ところが今、分散ってどちらかって言うと、P2Pの
ほうがレアケースで、分散環境っていうとある程度均質
の環境の中で前提になっているところがありますよね。

井上 今の観点で言うと、かつての自分のPCを使う世
界と、データセンターと、2つポイントが違う点があって。
ひとつはノードの安定性ですね、あとネットワークの距
離。ただ、ネットワークの距離はひとつのデータセンター
に閉じていればまあいいですけど、結局、複数リージョ
ンに行ったら同じような問題が出て来るので、その複数
リージョンで動かそうと思うと、結局、コーディネーション
を一定のところであきらめるアプローチになるかな、と。

神林 そうすると基準としてはデータセンターがひとつの……。

井上 そこに絞ると、ある程度均一にはできるかもしれない。ただそこまで行くと、また分散っていう別のテーマが出て来る。

神林 単純に均質なノード群で処理をする。スパコンなんかも今、データセンターは閉じているのかな。やっぱりどちらかっていうと分散っていうとそっちのほうがメジャーじゃないかなあ。

井上 分散とは何かっていうまた定義の問題が出てくるかもしれなくて、個々のノードが基本的には故障するっていう前提と、とネットワークの距離。

神林 故障の話は前提でいいと思うんですけど、ネットワークの距離で分散のあり方が違うっていうのはある気はしますよね。

井上 そこは質的なものよりも量的なもので、その距離が1秒の単位が、マイクロ秒でも、コア速度からすると結構どっちも大きかったりする。

神林 大きいですね。トータルのレイテンシーで見るとやっぱりかかる。データセンター間でも500ミリsecとかそれくらいはとっちゃうんで……そういう意味だと、結局レイテンシーが上がったとしても、そのデータセンター間を太い線でつないでレイテンシーをものすごい小さくすることができれば、また変わってくるっておっしゃってます?

井上 いやいや、本質的にはレイテンシーがある以上は、コアの世界から見ると小さくてもやっぱりあるので、本質的な問題はやっぱり変わらないかなと。

神林 本質的な問題……それを言うと性能の話って確かにあって、たとえばメモリ間でもキャッシュとメモリと出ちゃうわけですよね。下手すると、リモートメモリとローカルメモリと1000倍から10000倍違うわけで、やり方違うかっていうと確かに違うんですけど、むりやり寄せたり、何とかやっちゃうっていうのは今だいたい進んで来ているかな。

井上 むりやり寄せるのはある種、集中のアプローチかなと僕は思っていますね。

神林 集中のアプローチで、今揺り戻しが来ているんですが、それでも、リモートのノードに対してデータを寄せせっていう処理と、処理を飛ばせっていう処理ではケー

スバイケースなんですよね。ふつうに考えれば、ローカルに全部持って来て処理したほうが強いっていうセオリーになるんですけど、最近は研究が進んで来ていて、まあ、そうでもないと。やっぱりバス使い切っちゃうんで、データを呼ぶよりは処理を飛ばしたほうが速いねと、それはアプリケーションによります、というのが、最近のここ1~2年の最新の流れみたいで……。

井上 そのアプローチは分散と同じですよね。

神林 そうですね。同じですね。逆に言うと、その場合、処理は全部コーディネーターがやってしまうのが前提となって、ヒューリスティックなものは基本的にはないんですよ。

井上 コーディネーターがそこでできるのは、近いから?

神林 たぶん。

井上 でも近くてもコアから見ると遊んでいる時間ができ得る……。

神林 そう、それはできますよね。そこのラグをどれだけ、ラグっていうか、どれだけバリアーが待てるかっていう話になってくるんで、そりゃ確かにセカンドとかもうちょっと上の話になってしまうと、もうとにかく全体的に処理が終わらない感じになってしまうので、ああ、もう無理だなっていうのは確かにそうだと思うんですけど、そこがどんどん短くなれば、ある程度、人手を介さずにできてしまう。

井上 結局、コアが遊んでいるのを許容するんだったら、分散でも他のノードが遊んでいるのを許容する。まあ、質的な意味では同じですよね。で、コアも本当に増えてくると短い時間でも全部遊んでいるといいのか、止まっているといいのか、という議論で、またコーディネーションをなるべくなくしていくアプローチも出て来る。

神林 出て来るでしょうね。それは、話が戻っちゃいますけど、P2Pの処理のころからも同じような考え方はあったんですか?

井上 ありましたね。

神林 へえ、そうなんだ……あんまり進歩してないでしょ(笑)。

井上 進歩してない(笑)。分散処理は、あんまり進歩してない(笑)。

神林 なるほどー(笑)。そうかもしれないですね。そのへんは、若干、分散の考え方とか研究の歴史って僕

は素人なのであんまり知らないですけど、追っかけると、乖離していたときはあって、理論的に深みへは行くんだけど実装が追い付かないとか、現実的にやってみたけどまだスピード全然足りない、まだ使い物にならないってことがたくさんあって、停滞していたのかどうか、よくわからない感じには見えますね。だからそれが今、ここに至ってどういう状況なのかっていうのは、まあ、あんまり変わっていないじゃんっていうのが、井上さんの意見ということでいいですか（笑）。

井上 まあ、もちろんハードウェアの進歩でできることは増えたようだし、昔のいろんなPCを使ってものすごい故障率の高いものよりは、サーバーを使うと量的な安定性の問題は簡単になったかもしれないけど、結局離れた環境があって、それはネットワーク的に離れているかもしれないし、コアから見たときのメモリかもしれないですけど、休ませない形を目指そうとしたら、結局問題は同じになって、基本的にもしかしたら解がない。

神林 なるほど。その環境が変わっているっていう。要するに、今までは問題解決できなかったよねっていう流れだったと思うんですけど、今後はどうなのかなっていうのは気になっていて。というのも、ここ5年くらいで分散処理自体の敷居が下がってきているのは間違いないんですね。今までだと分散処理だと、いいとこP2Pのファイル共有くらいの話で、Notes以外なかったわけじゃないですか。P2Pを業務で使うなんてなかったし、どちらかと言うと特殊な、技術的には特殊な領域で、まあ、あってもスパコンだとかHPCですよねってぐらいの感じだったのが、ここ4~5年でふつうに使えるんじゃないのってなってきているのが現実なんですよ。

　それはワークスさんがCassandraでやっているというもの同じ流れで。もっとも、これは現実的にはCassandraでやったかって言うと、なかなか微妙だよねっていう話だと思うんですが、それがCassandra上で、まあ「Cassandraで」っていう言い方はあまり良くないんですけど、ちゃんと分散処理をやるときには技術的にこういうことができるようになってきたっていうのがあると思うんですよ。ひとつはやっぱり環境が変わってきたっていうのがある。この先それがおそらく環境としてはもっと整備されてくると思うんですよ。そのときにどんな風にあり方が変わるのかっていうのをどんな風に見て

いらっしゃるか。

井上 むずかしいですね（笑）。未来予測……。

神林 そうですね。そのへんは、その、まあブロックチェーンなんかいい例だと思うんですよね。だいたいみんな正体をわかっていないです。間違いなくわかってなくて、調べていても言っていることがでたらめな人が多いんですよね。ただ、環境はやっぱり変わってきているというのは現実の問題としてあって、その中で代わりのものがどう出てくるかっていうのがやっぱり未知数のところがあるなと思っていて。そのへんのP2Pなり、分散の流れと環境が変わることによってプレイヤーが変わったり、出てくるものが違ってくるというのが当然あるので、そういうものが出つつあるのかな、という風に思っているのですけど、そのへんはどんな風に見ていらっしゃいますかね。

井上 まず、Googleだったりインターネットのビッグプレイヤーは、もう世界でやっているじゃないですか。なので、その前提でインフラをいろいろ作っている。その環境の変化は圧倒的にあるかな。で、クラウドの話はいつかまたやるのかもしれないですけど、ちょっとクラウドという、多少のパスワードを使うと、まあその前提で環境が変わるので、アプリケーションだったりプログラマーの意識だったりも変わってくるかなとは思います。ただし、本当の意味での、何だろう、魔法のような何か、分散を解決するものにはまだ遠い。ただ、ノウハウとしては貯まってくると、完全なコンフリクトは解けなくても、よりウェルパーティション的なデータモデルだったり、粗結合なマイクロサービス的に分かれていくと、結果的にアプリケーションの作りがメッセージパッシング的になってくる。という解決はあるかな。

エンジニアとして、
これ以上学ぶ余力があるのか

神林 結局その、理論的にもある程度はっきりしているのはもう解決できないですよねっていうのも確かにあって、ミドルウェアもある程度はできるけど、ガチガチになってくるとつらい。アプリケーションで解決しないとって話になってるんですよ。

井上 そうですね。

神林 で、それって、今の時代、たとえば日本企業のSIerさんとかエンジニアさんにそういうアプリケーションを書く、というのが果たして可能なのかっていうのがあって。

井上 ひとつの手が、割り切りというか、サービスを分けて、まあその間を非同期と呼んでもメッセージパッシングと呼んでもいいんですけど、つなぎで行くという割り切りをしてしまえば、書けなくはないです。というか、今でも大規模なものって、ある程度分かれてますよ。

神林 いや、それはわかっています。ただ、分け方ってセンスがいるじゃないですか。

井上 いりますね。

神林 それができるような気がしないんですよね。どうなんですかね。

井上 どうなんですかね。今までやってたんじゃないですかね。

神林 いや、結構「やってみたらでたらめになりました」っていうのをいろいろ見ていて、そもそもエンジニアとして、これ以上学ぶ余力があるのかというくらい大変な状態になってきているとは思うんですよ。いろいろ言語は出てくるし。まあ、積み上げがある人はいいんですけど。まあ、たとえば5年生、6年生くらいの、PMなりたてくらい、アーキテクトですなんて人がいくらでもいて、そういう人たちが果たして設計ができるっていうと、やるべきことは増えていて。

井上 増えていますね。

神林 プラス分散化、というのはあんまり現実的じゃないような気もしていてですね、どうなんですかね。

井上 これは市場原理というか、これができる人しか生き残らないと思う（笑）。

神林 なるほど。できない人はどういう対応があるんですかね（笑）。じゃあ、逆に言うとできる人間で回るようにしないと無理だよねっていう感じなんですか……。

井上 まあ、そうですね。

神林 そういう意味だと、分散系はハードル、ふるいをもうひとつ追加したような感じなんですかね。

井上 まあそうですね。ただ、分散だけじゃないですよね。たとえば必要な技術で、Webであればある程度ブラウザの挙動を知る必要があったり、httpも挙動を知ら

なければいけないとか、ありますよね。そのうちの中でも分散は難しいかもしれないですけど、付け足されるべき知識のひとつなんでしょう。

神林 そのへんのハードルが上がるか…。

井上 ハードルが上がるしか、ない。

神林 ハードルが上がる前提でいいんですかね？ まあ、SIerさんとかはしょうがないですよね。仕事でやっているんで、上がろうが下がろうが追従できないところは脱落でいいんですけど、ユーザー企業になってくると、今以上にITのハードルが上がるっていうのは今の日本企業からするとかなり無理がある。逆に言うと最先端のITは今後このままいくと日本企業が使えないんじゃないの、使いこなせないんじゃないかと。

井上 うーん。使いこなせるところが生き残るかと。

世代交代が起きずに沈没する予感

編集部 今回はいつにもまして井上さんがドライですね。

井上 どんな業界もだんだん高度化しますよね。たとえば医学とかもたぶん昔より学ぶことはたくさんありますよね。

神林 ありますよね。結局、世代交代的なものって、日本はうまくいっていないんですよ。それはもうはっきりしていて、年寄りが増え過ぎて、さらに増えるので、30代、20代にどう渡すかについては、やっぱりうまくいっていないんですよね。特にユーザー企業のほうがうまくいっていないですよね。ITのほうは、年寄りはある意味わからなくなってくるので、弱くなるしかないですから、がんばるとしても下から情報の共有化とか、いろいろさらし者になるので、どんどん変わっていくんだろうなっていう気はしているんですよね。だからITのほうは確実に進んでいくと思うんですけど、一番有名な、これは書いていいのかわかりませんけど、書いてはいけないような気もしますけど（笑）、Yで始まるインターネット企業がありまして、ついこないだ分散処理についてブログを書かれた人がいるんですけど、とにかくひどいわけですよ。おそらく、見た人全員、「死ねばいいんじゃないの」くらいの内容が書いてあって、いろんな人から「とっとと引退しろ」とい

うくらいの感じで。

井上 それは若い人が書いたの?

神林 いや、年寄りみたい。年寄りで、あんまり最近の分散環境をキャッチアップしていない。で、Yの人たちの中堅以下はちゃんと勉強している人が非常に多いので、だいたいあの反応は見なかったことにしましたとかですね、もうそろそろやめやがれみたいな話になって、やっぱりそういうのに敏感な会社は、世代交代を促せると思うんですよ。先端の企業で生き残らなければならない、少なくともマネジメントはバカではないので、そういう流れは感じると思うんですよね。そういう交代の流れは後押しにはなるだろうと。

　一方で、ユーザー企業はどうかっていうと、そういうのがあんまりないんですよ。世代交代がちゃんと起きて、それは中の人材もそうだし、企業もそうですよね。それでいいんじゃないですか。あるべきものは起こるべきだっていうのが前提になると思うんですけど、僕はたぶん起きないと思っていてですね。このまま、もっと悪い方向にというか、世代交代が起きずに、全体として、割と沈没するような……。

井上 今、言っているユーザー企業というのは、役割として選ぶ側のイメージですか? それとも社内で作る側のイメージですか?

神林 作る側です。選ぶっていうのは、相当、選択肢としては厳しいと思っているんですよ。もう、昔と違ってプロダクトベンダー自体の力がすごく弱くなってしまっているので。今まで、たとえばMicrosoftとかOracleとか、そういうところが強かったわけじゃないですか。今はそうじゃないですよね。GoogleとかAmazonだったりするので、どちらかと言うとあれはIT企業じゃないと思っています。彼らは出自として広告やってます、あるいは小売りをやっていますっていうのがベースにあって。構築力・汎用的なプロダクト提供能力がないですよね。それで食っているわけではないので。たとえば、Googleなんか典型的ですけど、儲からないと思ったらふつうにサービス止めるじゃないですか。ユーザーのほうには顔は向けていますけど、基本的にはやっぱり向いていないですよね。結局、ITベンダーとしてどういう風にIT市場にコミットしていくかは本流ではない。ユーザーに対してサービスを提供してお金をもらっていうビジネスモデルじゃない。そういう意味だと、どんどんユーザーにレベルアップしてもらっていいものを買ってもらうっていうインセンティブはないですよ。少なくともGoogleはない。それははっきりしている。Amazonも微妙にない。そういう意味だと、ユーザーに対してユーザーにレベルアップしてうちの製品買ってくださいねっていうスタンスではなくなってくるので、全体的に。

井上 今のは比較的ミドルウェアレイヤーの話……。

神林 そうですそうです。

井上 アプリケーションレイヤーになると、まあ我々もそうですけど、ワールドワイドでもWorkdayだったり、まあ、SAPも健在だったり、一応プレイヤーはいますよね。

神林 アプリケーションレイヤーだと、まあ、SaaSだったりそういうレベルになってしまって、中で使っている、作っている人についてはもう選択していくくらいしか手がない。で、合わないと逆にコストがかかってしまって、結局中途半端に中で作るとか、アドオン作ってみたりとか、そういう仕方で対応していく方法しかないと思うんですよ。それはそれでコストが上がってくるので、なかなかやっていくのが難しいのかなという気はするんですよ。そういう意味だとだんだん手詰まりになっていくんじゃないかな。

井上 だいぶ話がずれてきているけど、ユーザー企業の世代交代が進まないという話から僕が疑問に思ったのが、ユーザー企業の役割を神林さん的には結構内製していく役割の選択をして……?

神林 ……ってやっていかないと、生き残っていけない。

井上 ……にも関わらず、世代交代が進まないと。

神林 ……と思っているんですけどね。

なぜ、パッケージビジネスはうまくいかないのか
(但しサイボウズとワークス以外)

井上 まあ、それに対して個人的に思う正しい姿は、ちゃんと勉強できる競争力のあるユーザー企業だったらそれもありだし、そうじゃない側はむしろ選ぶ側かなという感じで、その供給元が……。

神林 がんばれるかって話です。SaaSで供給して……まあ、それでいいのかなあ。そういうモデルになっちゃう……ただ、それをやれるのか。

井上 どっち側がですか。

神林 日本企業で、SaaSをちゃんとやって、かなり大規模にですよ、生き残っていけるSaaSベンダー。

井上 SaaSベンダー！

神林 あります？

井上 日本だと厳しい……まあ、どうなのかな。サイボウズとかグローバルもやっていますけど、グループウェアという領域で日本国内で社員数百人。それだったら回ってるじゃないですか。

神林 サイボウズさんぐらいですよね。逆に言うと。

井上 あとは、一応ワークスも今の時点では回っていきますね。その2社だけかもしれませんが。

神林 ……という風になってしまうのが現状でしょう。たとえば独立ベンダーでちゃんとミドル・ソフト自体作っているセゾン情報さんでも、実はSaaSはトライしているんですよ。で、全然ダメ。要するにコストがかかり過ぎるんですっていう話なんですよね。ちょっと昔に経産省のJSaaSってあったんですけど、これが惨憺たる有様で、全然いりません、税金の無駄遣いですくらいの出来になってしまった。結局どのSIerも中堅のSIerもそのへんの意識は持っていて、人繰り商売は限界があるから、サービスを買わせて提供したいという思いはどこもあってですね、みんな失敗しているんですよね。ほぼ、屍累々。で、何でかっていうのが、ちょっと僕もよくわからないところもあって。おっしゃる通り、選ぶ側になるんであれば、SaaSを選ぶしかないわけじゃないですか。現実には、もう今のユーザー企業の中堅以下は、もう人もほとんどいないので、選んでやっていくしかないわけです。にもかかわらず、SaaSビジネスっていうのは僕が見るとまだ下火ですよ。

井上 たぶんSaaSのところは、現状で言うとパッケージビジネスがほぼ成立していないのと同じですよね。で、何で日本ではパッケージビジネスが、ほぼサイボウズとワークス以外、うまいくっていないのか。一般的には、日本企業が「あるものに業務を合わせる」のではなくて、「業務に合わせてソフトウェアを変えたがる」からだというのは、ずっと言われていますね。

神林 そこらへんは、本当にそうなんですかねっていうのがあって。

井上 どうなんですかね。もしかしたらできない言い訳の可能性もゼロではないですけど（笑）。

神林 僕もコンサルをやっていたのでパッケージを入れますみたいな話はたくさん見ているんですけど、だいたいパッケージの出来があんまり良くないですよね、全然合わない。

井上 それは日本以外の会社が作ったもので？

神林 たとえばSAP持ってきましたと。僕、もともと小売じゃないですか。売価還元法がないわけですよ。ワールドワイドで売価還元法をメインで置いている先進国なんてほとんどないわけです。でも残念ながらそれでほとんどの小売業は上場してますし。全部やりかえるわけですよ。そうすると、SAP導入プロジェクト、はい10億円です。10億円ですよ？ っていう世界がふつうにあって、やっているのは売価還元法の計算。こっち側でシステムを作って、仕訳まで切ってですよ？ いや、それExcelでいいよね、入れるとこExcelでいいよね、みたいなことになってしまっている。商慣行も違う。たとえば、日本の場合は店頭渡しであって、お客さん渡しが基本なんですけど、海外は違いますよね。基本的に工場渡し、Free On Boardって言い方をするんですが、要するに「取りに来い」ですよ。ここで作ったものをここに並べるから、それは原価で渡しますよ。配達はしません。配達のコストは自分でもて。または配達するけど金をとるよ、という形ですよね。ところが日本の場合は基本的に「持って来い」なんですよね。「持って来い」だと、それに応じたシステムにしないと回らないので、SIで作りますよ、となる。そうするとここの予算がボワーッと膨れます。という意味でビジネスの慣行が合わないのでグローバルで合わないからと言って、こっちに持ってきて、合わないほうが悪いと言ってもですね、それは違うよねっていう話ですよね。そういう意味でパッケージを持ってきて、合わせられない日本企業が悪い、確かにそれはあると思いますけど、それ、全体的に全部合わないよっていうの、結構やっぱりあるんですよね。

井上 ワークスがここまで大きくなったのは、その合わない部分をちゃんとやりますと言ってSAPと差別化してきたというのが結構肝ではあるんですけど、一方で、

何で合わせられないのかっていうSAPの言い分もわからなくはないんですよね、実を言うと。もしかしたら日本も、本当に沈んだら国として合わせざるを得ないかもしれないですよね。

神林 そういう風になるかなあ。

井上 そうすると結局、日本企業の慣習にも何らかの意味はあるので、その意味を持ったところを埋めるビジネス、それがSIerなのかもしれないし、我々みたいなSaaSだったりパッケージベンダーだったりするかもしれないけど、そこにビジネスはあるんじゃないですかね。

神林 そこにビジネスが……いまひとつ、思ったより伸びていないような印象が。

井上 うーん。伸びてないのは何でなんですかね。結局お金がSIerに流れているんですか?

神林 あー、流れていますね。SIが鉄板なんですよね。空前の好景気だと思いますよ。人手が足りないし、売り上げも伸びている状態で、ある意味どうしようもない状態ではある。がっちり鉄板になっちゃって……。

井上 SIの個別解のところを、誰かがうまく抽象化したものにできたらうまくいくはずだけど誰もできていない。

神林 できていないですね。そこが、それくらいだと作っちゃったほうが逆に安いとか、ありますよね。今の最大の問題は、それでそれなりに回ってしまっているっていうことで、そのやり方だとソフトランディングはないんですけど、わかっちゃいるけどやめられないみたいになっているかなと。だから世代交代がうまくいかない。ユーザー企業は悪いところは落ちて生き残るところは残るっていうよりは、全員沈没、いきなり大変なことになるという感じがしなくもない。でもそれって日本社会にある意味共通の問題点かもしれなくて、まあ結局社会インフラなんかも一斉にアウトですよってこれだけ言われていてもここまで放り出しているわけじゃないですか。で、そういう意味だと実際問題になるまで騒がないっていう国民性の問題があるのかな。企業にもあるのかなというのがあって、ちょっと不安だなというところですね。だから井上さんのように、いや、生き残るところは生き残ればいいんじゃねっていう楽観的な話でいくと全滅するんじゃないかっていう気はしていて。

井上 えっと、全滅っていうのはどっち側でしたっけ。

神林 ユーザー企業です。

井上 ユーザー企業の内製する力が全滅するという意味ですか。

神林 そうです。内製していかないといけないという流れで、結局はSIに頼っているままで実際は進んでいないからですね。その足踏みのまま、内製化のハードルはどんどん上がっているので。

井上 そうすると選ばざるを得ないと。選ぶ先が、ある程度抽象化されたSaaSなりパッケージなのか、それとも個別最適化されたSIなのかで。で、正しい、正しいって言うと語弊があるかもしれないですけどより美しい姿で言うと、より抽象化されたSaaSがいいんですけど……。

神林 そっちがいいですけど、それは、何となく全然できる気がしない。

井上 ただまあ、唯一に近い、うまくいっている会社はワークスかもしれないですけどね。ニッチかもしれないですけど。

神林 そうですね。

井上 もともとその前提なんですよね。SI的に個別最適化していると、基本的にはコストがかかる。だから歴史的にパッケージなんですけど、これからはSaaSだと思うんですけど。より抽象化されたというか、汎用的なところでカバーしていきましょうと。アプローチとしては、SAPもOracleも同じですけど、SAPとかはグローバルスタンダードで業務に合わせろっていうのに対して、個別最適化の裾野はやりますと。

神林 そこ、ワークスさん以外が、なんでできないのかなあと。

井上 それは初期投資の問題なのかなあ。

神林 初期投資ってどれくらい使ったんですか。

井上 最初は、すごいですよ……(笑)。

神林 IT屋は総じて、今、投資しづらいですよね。やっぱり投資の回収可能性みたいなことを必ず言われるので、たぶんできないと思うんですよ。たまたまワークスができたのはそもそも上場していなかった。

井上 最初はそうですね。

神林 そのときにボカーンとやって、そのあと償却をある程度してしまって、上場して、この先投資がいるんで、上場廃止されたのは、そういう理由もあると思うんですけど。

井上 おっしゃる通り。

神林 ですよね。だから、要するに、そうすると公開企業は投資ができないと。だからすごく矛盾しているんですよね。投資するために上場しているんだけど、上場すると投資ができないという袋小路みたいになっているかもしれない。各プロダクトベンダーなり、SIさんなりが。それだとますます、社会的には崩壊していくぞという結論にしかならないですけど（笑）。

井上 なぜ、日本でワークス以外ができないのかは、興味深いところですけどね。

反省：パッケージを作ろうという心意気が足りなかった、かもしれない

神林 そもそもSaaS的にあるいはソフトウェアベンダー的にがんばれているのは、ワークスさん、サイボウズさんでしょ、セゾンさんでしょ、まあ、アプレッソは一緒になっちゃうからな、あとウィングアークさんとか。まあ、そんなもんで、あとは全然ダメじゃないですか。そのへんが、なんでかなーっていうのがあるのはあるんですけど、なんでなんですかね。僕もプロダクトを売っていて思うのは、すごく時間かかるねっていうこと。それに見合うだけのキャッシュフローをどう稼ぐかっていう問題を解決できない。解決するためにはとりあえず人を回さなきゃいけないんで、SIやるかっていう形になって、最終的にはそっちがメインになってしまう。というわけでプロダクトのほうは立ち消え。最終的にはやめるかな、みたいになってしまう。ユーザーさんサイドがプロダクトを買うということについて意思決定に至るまでが非常に長いし、変えたがらないっていうのが、ソフトウェア産業が成長できないひとつの理由かなと思っていますよ。

井上 買う側の問題と言ってしまえば簡単なんですけど、じゃあ作る側の責任として問題がなかったのかと言われると、たとえばERP全体を汎用解へというのは相当体力がいるので、まあ、なかなかグローバルには追い付かないです。でも、それこそセールスフォースだったり、あるいは、SFAの領域に特化したある種の汎用解で、コンカーとか経費管理だったり、そのへんは日本でも誰かがやればできたのかもしれないですよね。そこは

作る側として、ちゃんとしたパッケージを作ろうという心意気のある人がいなかったのかもしれない。

神林 それはどうなんでしょうね。たとえば大手のSIerさんとか、NECとか、営業の人と話したときに、うちにないパッケージはないって言うんですよ。で、それは確かにそうなんですよ。要するに、歯抜けの色鉛筆セット状態で「帯に短し、たすきに短し」みたいな、でも数だけはある。そういうのがたくさんあるよ、みたいな。それは富士通さんもNECさんも日立さんもたぶん同じなんですよ。

井上 それをユーザーは買ってくれないんですかね。

神林 やー、どうなんでしょう、プロダクトをユーザーは買うんですかね？ そういう意味だと買うんだけど、結局SIが入るので、そっちで儲けるというほうにベンダー側が動いちゃった。それで結局うまくいかなかった。

井上 うーん……。

神林 ということは今後もうまくいかない（笑）。

井上 そうですね（笑）。

神林 うまくいかないのか。そうか。やっぱりSI鉄板かよー。

編集部 プロダクトを売るより、SIのほうが簡単にお金儲けができるんですか？

神林 できますね。

井上 発注する側も小さいスコープになるので、固有解のほうが解きやすい。パッケージを買えば、もしかしたらコストは減るかもしれない。けど、会社の成長にとって大きいかというと大して関係なければ、少し積んで固有解で十分というのは……。

神林 それはあるでしょうね。そういう意味だと、あんまりITいらないんじゃ（笑）。

編集部 また、その話に……（笑）。

神林 いらねえだろっていう話になってしまうと、そもそも、IT業界の存在意義みたいな話ですよね。

編集部 毎回。

神林 毎回、存在意義について語る。

編集部 井上さんが前におっしゃっていましたけど、経営者が長生きといってもまあ、いつかは死ぬじゃないですか。

神林 死にます、はい。

編集部 そうしたら若い世代が繰り上がってくる。その

ときにはどうなるんですか。

神林 や、たぶん絶望的な状態にいきなり放り込まれると思うんです。これもやってないし、あれもやってないし、これもやれよあれもやれよって。ただ、資金的にどうかっていうと、非常に厳しい状態になっているわけで、そんな中でどうやりくりするかは、かなり難易度の高い課題をドーンと押し付けられると思います。これはITに限らないと思いますよ。全産業で高齢化が進んでいくと、間違いなく硬直化していくので、問題点をどんどん先送りしやすい体質になるんですよね。もう、俺が引退するまでもてばいい、それまでは金使わない。貯まってりゃいいですけどね。回すだけ回したらあとは任せたってなりやすい。だから世代がバーンと変わって何か渡すって言ったときに、かなり大量に重いものをがんばって回しなさいねっていう投げ方になっちゃうので、そこで彼らがどうするかって感じになるんじゃないですかね。たぶん、僕らより下だと思いますよ。僕、今年46ですけど、そういう意味だと、もう僕らの世代が社会的リーダーシップをとることはないです、この先。今の50、60もないです。特に50と60はまったくないです。70が80になるだけです。あと10年で。

編集部 おぉ……。

神林 で、80が70に渡すというのはたぶんあり得ないので、60もたぶんあり得ないので、まあ、僕らより下ですよね。今の20代30代が40、50になったときに、ドカーっといくという感じにしかならないですね。50と60は、もう受け止められないですね。そらそうでしょ。もう、辞めさせてくれ、ですよ。普通に。70、80が主導権を握るといったときに、今の50、60がどう考えるかっていうと、「じゃ、引退するわ」っていうのがふつうの発想なので、今更そんなんもらっても困るし、定年だから辞めさせてもらいますってなる。そこでやっぱり金の話、金があるかないかだけで、金があれば絶対辞めると思います。IT業界もそんな風になるか……いや、何の話をしていたんでしたっけ？

井上 だいぶ話が飛びましたね（笑）。

編集部 ちなみに、神林さんが、カスミで情報システムを刷新したっていうのはいくつぐらいのときだったんですか？

神林 あれは30くらいでしたよ。20後半から30頭くら

い。もうめちゃめちゃ。ひどい仕事でしたよ。がんばりましたけどね。

編集部 何だかおもしろい話が聞けそうなので、次回はちょっとそのあたりの話から入っていきましょう。

CHAPTER

6

日本でパッケージを作るのが
難しいのはなぜ?
／経営者の引き際について

神林さんがユーザー企業で内製していたころ

井上 内製ですか？

神林 内製です。完全内製です。まあ、大変でした。従業員も半分辞めました。年寄りはもうほとんど辞めましたね。

井上 内製にしたのは、まずパッケージという選択肢がそもそもなかったのか、選定したけど合わなかったのか……。

神林 選定したけど合わなかったというか、なかったですね。その当時は、店舗に自律的に分散して処理ができるという、今よりまだ先を行っていた感じです。今より先に行くような仕組みを志向していたんです。まだ若かったので、このままでは会社が潰れるみたいな危機意識があった。だから情報システムをバーっと刷新して、ある程度人数が少なくても回るような仕組みにしなきゃいけないと。そのためには現状の技術じゃ無理で、新しい技術でやってかないといかんと。そのころ、出始めのJavaで基幹系をやるのは、日本で2番目くらいと言われました。当時、業務系をJavaでやっているのは日産さんくらいで。で、まあ、やってみて、動いたんだか動かないんだかよくわかんないっていう感じでした。

井上 そうなんですか。

神林 ええ、形を作っていけるところまでは行ったんですけど、まあ、途中で僕が別の事情でカスミを辞める羽目になってしまったので、動いてないのかな……動かすところまでは行ったのかな……くらいの感じですね。POSとか全部入れ替えて、3割くらいは動いたんじゃないですかね、物流も動かしたから。でも肝心の発注の最適化は難しかったですね。計算が終わらなかった。100店舗分のSKUで単純な機械学習を入れてっていうことをやって、次に何が来るか読むみたいな仕組みをやったんですけど、終わらなくて、まあ、その当時から分散的な志向ではあったんですけど、まあ、あれがあったんで、……で、何を聞きたいんでしたっけ？

編集部 いや、その前は公認会計士で、M&Aの営業でっていう話があったじゃないですか。

神林 ええ、やってました、やってました。

編集部 それから、ポンってカスミに行って、いきなりパッケージを比較するとかですね、これはいけるとかいけないとか、そういう判断をするっていうのは、それ相当の勉強したのでしょうか？

神林 ええとですね、要するにパッケージってベンダーが作るんですよ。ベンダーはユーザーじゃないんですよ。だから、わかんないんです。どうやってパッケージが作られるかって言うと、たぶん、ワークスさんも同じだと思うんですけど、あるユーザーさんの業務をSIして、そいつをパッケージにしているんですよ。絶対そうなんですよ。そうすると暗黙の前提がそのまま入っちゃうんですけど、それがパッケージベンダーにはわからないんですね。こういうカルチャーだからこうなっているっていう、その歴史的背景を含めてあるんですけど、パッケージの中にそいつがそのまま残っちゃうんですよ。それが合わないときにはもう何をどうしても合わないんですね。発想が違うんで。もう全面作り替えですねっていう議論になっちゃうんです。

だから、井上さんなんかはご存じだと思うんですけど、パッケージは3社SIやって初めてかろうじてちょっとできるかできないかくらいだと言われています。ワークスさんは成功しましたけど、だいたいそこまでやりきれないです。だから、どこまでが業界、あるいは業務について共通のもので、どこが固有かっていう切り分けは非常に難しくて。

井上 難しいですね。

神林 難しいんですよ。ユーザーですら難しいです。ここからここまでは業界共通だ、ここからここまでは俺たち固有だっていうのは、業界の人間だってわかってないです。ユーザー企業の中でもです。いろいろ、周りで情報交換をしているわけです。IT屋なんかよりよっぽど日本のユーザー企業のほうが業界団体ができているので、「何やってんの」っていう情報交換をしょっちゅうやっているわけですよ。それですら、ここからここまでは共通で、ここからここまでは固有のものだってきれいに切れない。にもかかわらず、ユーザーでもない人が、1社でしか面倒見たことないのにパッケージなんか作れるわけがないんですよ。実際作れていないわけですよ。だから、比較したときには、これは、某社のだねってすぐわかるわけです、僕らからすると。

たとえば小売流通業のパッケージがあるとするじゃ

ないですか。これ、あの会社のやつだろ？ 見ただけでわかります。そこ、うちは違うから。そこだけは違うから、そこだけ作るか、そこは足していくの？ みたいな話になってくると「んあ〜」っていう風になるので、スクラッチにするのか、替えるのか、みたいな話になってきて、そう意味でスクラッチにしたというのが、当時の事情。

編集部 そういうのって神林さんだけが、特別、キレキレだからわかるという話なんですか。

井上 いや、ユーザー企業がスクラッチを選ぶロジックは基本的にはそれですよね。一般的なんですけど、だからこそ、日本でパッケージとかSaaSが流行らないという裏返しの部分ですね、まさに。

神林 だから腰を据えて、単一業種できっちりパッケージを作るというのは相当の覚悟が必要でそういうところができるユーザーが付くまで、時間がかかってしまっているというのがあるんじゃないですかね。

パッケージを作るむずかしさ

編集部 井上さんが前回、「ワークスはすごい額を投資した」っていうのは、そういうところにお金を投資したということでしょうか？

井上 まさにそうですね。ユーザー企業的な立場で言ったら、神林さんは両方の立場だと思いますけど、ある種パッケージベンダー側の怠慢じゃないですか（笑）。

神林 うん、まあ、そうですね（笑）。怠慢っていうか……。

井上 怠慢というか、難しいしどうせできないだろうっていう諦念的なものだと思うんです。でも一方で、それを言っている限りはずっと個別解をあらゆる日本企業がやり続けて、パッケージも育たず、ITのコストだけがどんどんかかっていくという構造じゃないですか。そこをブレークするためには、作り手が汎用的なものすごいものを作るまでがんばるか、それこそSAPだったりOracleだったりの議論かもしれないですけど、さっき業界団体の中でも抽象化している部分があるっていう話、あそこをより広げていくしかない。むしろ業界団体の中に、個別解が少なくなる方向でっていう流れはないんですかね？

神林 それはあると思います。そういう試みはやっぱりやっていかないとダメだよねっていう意識はあるんですけどね。

井上 業界の中でもより効率化されるはず……まあ、そこは微妙なのかな。個別の最適化が効率的って話もあるし、共通化したほうが効率的だっていう話もあるし。

神林 難しい……あの、すごく難しいんですよ。どうすればいいんですかね。たとえば共通化をしたほうがいいっていう考え方がある一方で、共通化をしないことが競争に勝つための源泉になるっていう発想の人もいるんですよね。そこらへんが常にぶつかってしまうところがあるので、最終的にどこまで共通化したほうが業界にとってプラスかというところは、意見の一致はないんじゃないかなあ。

　有名な例で言うと、たとえば小売業ってたくさんあるわけですよ。大きくは百貨店、コンビニエンスとGMSっていう区分けがあるんですけど、GMSでは、ある程度EDI、要するに取引先とのやりとりについて共通化しましょうということをやっていて、割と成功しているんです。でも、たとえば、規模から言ったらコンビニエンスストアも相当でかいわけですよ。ローソンだったり、セブンイレブンだったり。実は彼らは全部独立でやっています。業界標準のコンビニ業界向けのEDIってないんですよ。ないんです。百貨店はまだあるんです。それでまた、家電はないんですよね。あったんだけど、ケンカしちゃった。仲が悪くなって。というのがあって、同じ小売だけでも、業種が違っただけで、標準化できるところもあれば、できていないところもあって、それはなんでかって言うと、まあ、見ていると、経営的な、経営的っていうか、中で働いている人の考え方だったり、下手すると感情論だったり、そういうものがすごく大きいので、あまり経済合理性はないんですよね。

井上 一方で、標準規格好きな人たちもいるじゃないですか。あれは国民性みたいなものなんですかね？

神林 いや国民性というよりは、言葉が通じないからじゃないですかね。各プレイヤー、ステークホルダーが英語を話せればいいですけど、ある程度標準を決めないと会話ができません、という文化があると思っています。

井上 それは日本以外に？

6.日本でパッケージを作るのが難しいのはなぜ？／経営者の引き際について　061

神林　日本以外に。だから、ヨーロッパだったり、アメリカだったり。

井上　ヨーロッパはそうですよね。いろんな言語があるので。

神林　だから標準化をやっていかないと効率が悪いよねっていう発想はたぶんあるんですよ。

井上　なるほど……じゃあ、日本語で統一しているのが良くないのか。

神林　ええ、そう。話せばわかる、みたいなところが出てしまっている。ある程度均一になってしまっていると、標準することのメリットが少ない、標準化しなくてもある程度標準化されているからっていう。全然文化が違うところであれば、標準化することでコストを下げるっていうインセンティブが社会的なインセンティブがわくんですけど、それがないですよね。

井上　確かに、そこはヨーロッパと日本でだいぶ違いますね。アメリカもアメリカに閉じるとヨーロッパほどの標準化じゃないのかもしれないですね。

神林　アメリカは、やっぱり中はバラバラなんですよ。言われているほど……その、やっぱりユナイテッド・ステイツなんですよね。そういう意味だと標準化をしましょうというのは強いですよね、アメリカも。地域によって違うとか。

井上　ヨーロッパはわかりやすいじゃないですか。いろんな言語があって文化もバラバラなんで、標準化したときのコストに対してのメリットが大きいと。でもアメリカは言語は英語ですよね。

神林　言語は英語ですけど、考え方がまったく違いますよね。

井上　まあ、ヨーロッパの延長と思えばってことなのか。そこは。

神林　中西部から始まって、東、西で違いますし、日本なんかよりバラエティもすごいと思いますし、全員が英語をしゃべるわけではないし。なので、現実的に小売りあたりだと、言葉がしゃべれないのを前提として業務システムを作っていくような会社がありますからね。

井上　だいぶ本質的なところへ来たような気がしますね。日本でパッケージができないことに対する。

神林　やっぱり、その、いらない……んじゃないかな。均質な社会だとパッケージがあったり標準化っていうの

メリットが、なくはないんですが、メリットが薄いのは間違いないですよね。同じようなことやってるんだから同じようになるよっていうことであれば、そうなってしまうので、まあソフトウェアというより、作り込みをしてもそんなに高いコストにならずにやれてしまうというのもあるかもしれないですね。

井上　日本も、今から日本語が通じないほど分化するってことはないでしょうけど、世代が離れて同じ日本語を使っていてもコミュニケーションが取れなくなったら標準化がいるようになるかもしれない。

神林　可能性があるとすれば、各企業が突出する、やってることがお互い全然違うという風になってくると、逆にある部分については手を握ったほうがいいよねっていう発想になってくれればいいですよね。だからうちはこういうやり方をしている、全然違うと。競合がまったくないことをやっていると。で、B社はまた全然違うことをやっているんだけども、ある部分、たとえば給与計算、あるいは取引先のやりとりとか、在庫管理とか、そういうことになってくれば、そこをまあ共通でやりましょうということにはなってくると思う。今はそこまで行ってないんでしょうね。右見て同じようなことをやるっていうことをやって回ってしまっているので、そういう意味ではあんまり、ちょっとぐらい作ったほうが、コストが吸収できてしまうと。

編集部　同じようなことをやっているのにパッケージで共通みたいなことにはならない？

神林　ならないですね。同じようなことをやっているので、作る側も慣れているので、すごくでたらめな見積もりにはならないんですよ。その割には割と懇切丁寧なところを作ってくれるので、あまり別々のものを作るよりは、ベースが同じものを何回も作ったほうが……儲かるじゃないですか（笑）。

編集部　ワークスさんの前で、そんな（笑）。

神林　儲かるからね（笑）。

井上　今の日本は、ある程度の合理性で使う側も作る側も個別解が成り立っているのが現状であると。でもそれは作り手から見るとあまり健全とは思えないですね。

神林　うん、そうですね。作り手から見てもユーザーから見てもあんまり健全じゃないんですよ。ただもう、ビジネスとしてがっちり回ってしまっています、というのが現

状なので、まあどうにも止まらないよねっていう。

井上 なので、ユーザー企業が弱っていくと、使わざるを得なくなる方向になるかもしれない。

神林 かもしれない。だからタイムアウトがどのへんかみたいな話でしかないですね。

編集部 それが今、30代くらいの人が。

神林 くらいますよ、まともに。

編集部 でも神林さんみたいな人が……。

神林 へい。

編集部 あらわれるかもしれない。

神林 無理でしょうねえ。今はすごく難しいと思います。僕が30のときにやったことを今の30にやれっていうのは非現実的だと思っていて。まずハードルが高いです。僕がいたころはコンプライアンスとかあんまり言われなかった。いや、言われたけれども、たかがしれているんで、まあ割と好き勝手にできた。今は、僕が20代30代のときより年寄りは増えているし、規制も厳しくなっているし、緩和されていないですよ、全然。緩和したって言ってますけど、現実的には緩和してなくて、日本の規制って2種類あって、ひとつは法律上の規制があるんですけど、もうひとつは内部で「忖度」してですね、いろいろこうだよねって勝手に考えるみたいな枠をはめてしまうので、それが前よりきついですよね。だから、以前よりもまずハードルが上がっているというのがひとつ。あとは、やっぱり成果が出にくい。投資をしていろいろやったところで、結果が出るかっていうと出ないですよ。そんなに投資したからといって収益がガンガン上がったり、利益がガンガン出るわけではない。

どう、お辞めいただくか

井上 さっき言った「30代くらいで、神林さんみたいな人」っていう、「みたいな」って言ったのは、ユーザー企業として何かを作るという意味ですか？

編集部 はい。追い詰められたユーザー企業の若い情シスが超がんばる的な。

井上 逆に言うと、ユーザー企業として個別解をやるのは良くないんじゃないですか？

神林 ユーザー企業として個別解をやるのは良くない

かって言うと、あの、

井上 まあ、いい悪いはまたちょっとあれか。

神林 そこは、バランスはとると思うんですよ。僕の場合は、たとえば発注のロジックはこういうのっていうの、それは固有のものだからそれは共有化ができない。ただEDIでやるっていうところ、取引先とやるところは共有化できるから、それは標準化しましょうって。僕、標準化に動いたんですよ。

井上 ああ、なるほど。

神林 僕は、今の日本のBMSっていう小売流通業のEDI標準を作った初期メンバーのひとりなんですよね。もう昔話ですけど。

井上 なるほどね、そういう動きがあったんですね。

神林 だから両方に分けて、これは一緒にやろう、これは個別にやろうってちゃんと分けてやったんですよ。

井上 そこまでやるのは今だと難しい？

神林 やあ、今は非常にもう……じゃあ、EDIとか、ある程度業界を動かして共有化しましょうとか、やれる人がどれだけいるかっていうと、まあ、いるとは思いますけど、動ける能力がある人はたくさんいると思いますよ。ただ、環境は僕のときより今のほうが厳しいです。

編集部 そうすると、や、大変だからパッケージ使おうか、パッケージに合わせていくしかないよねー、みたいな流れに？

井上 あー逆説的に？

神林 それはあるかもしれないですね。

井上 確かに、だんだんいろいろなものが複雑化していってわけがわからなくなると、使わざるを得なくなるかもしれないですね。

神林 だからどこまでがんばれるのかっていう、彼ら、若者がね、今後のITを引っ張っていく、産業として残るかどうかっていうのは大きい。ハードルは上がっている。ユーザー企業もITベンダーもそこは同じだと思うんですよ。

編集部 こういう話を聞いていると、今、30歳くらいの小売の情シスに取材してみたくなりますね。

神林 たぶん、いない。年寄りばっかり。

井上 だったらもう自分で内製で作る力もなくて、昔のものを使い続けるしかないですね。

神林 あー、そっちですね。そっちです。

6.日本でパッケージを作るのが難しいのはなぜ？／経営者の引き際について　063

井上　でも使い続けるのもやっぱり……まあ、使い続けるだけだったらできるのか。

神林　たぶん、自分が引退するまで使い続けるんじゃないですか。

井上　どこまで使い続けられるのかな。ハードウェアだけ刷新していけば何とかなってしまう?

神林　何とかなりますね。いまだにオール汎用機っていうユーザーさんもいらっしゃいます。オープン化ができてないんですよ。2016年ですよ。10年前じゃないんですよ。

井上　まあ、汎用機を作るベンダーが存在し続けて、ソフトウェアを変えなければ動き続けますからね。

神林　動き続ける。誰も困らないですからね。

井上　誰も困らないと、変えるモチベーションもないですね。そうなると新しいシステムでできた会社が置き換えるとか。

神林　うん、まあ、会社自体を置き換えるしかないですね。そういう風に新しい仕組みで動くような会社にボロクソに負けるとなれば。

井上　あるいは、第1回のバズワード論争になりましたけど、ある種のバズワードと、幻想でもいいので……。

神林　まあ、でたらめでやるしかない(笑)。わはは(笑)

井上　いや、でたらめじゃなくて、もう今更ホストじゃないよ、というのを。もしかしたら、経済合理性で言えば動き続けるし、ハードウェアだけ替えてソフトウェアを替えなければバグも入らない。それはそれでありかもしれないですけど、もうホストなんてないよという風潮で、強引にでも世界を変えていくという……。

神林　それはIT的な変え方じゃないと思うんですよ。バズワード的に、ITが世界を変えるっていうよりは、IT業界の中の人の話だと思うので。ユーザー企業、言ってみればITベンダーもそうですけど、どれだけ年寄りのわがままを殺せるかみたいな話だと思いますよ。どれだけ、引退していただくということを、下がちゃんとドライブできるかということに尽きると思います。企業が、世代交代を促す力を若者なり、中堅なりを持てるかってことにかかっているんじゃないですかね。年寄りのほうが人数多いですからね。経験も上ですし。力もたぶん上なので。権力も持っていますから、それにどれだけ、「い

や、もういいから、代われ」ということを、「あなたがたはそれでいいけど、我々は困るから、代わってください、代わりやがれ」ということを。

井上　今、代わるって言っているのはポジションのこと?

神林　そうですね。もう辞めていただいて。

井上　僕はもう少し楽観的で(笑)。神林さんの意見は、「年寄りは絶対変わらない」っていう立脚点じゃないですか。

神林　あーそうです、そうです。

井上　でも意外に、後先ないし今生最後の大勝負をしてみようかなっていう年寄りもありかな、と。

神林　それは少数派ですね、きわめて。

井上　少数派ですか。

神林　大勝負をやろうという人はもうやめていますよ。そういう博打打ちの年寄りで、今、一番多いパターンは、一線から引いて、顧問をやったりとか、社長会長を辞めてしまって、趣味の世界にがんばっています、とか、そんな感じの人が多いですね。今、先頭で70とか80とかで社長をやっている人って、意外にサラリーマン社長だったりしますからね。そういう意味だと初期のころから立ち上げて、一発博打を打つみたいな人はあんまりいないです。それはたぶんみんな同じこと言っていると思います。なかなか難しい。で、上からっていうよりは、下からどれだけ変えていけるかっていうほうが大事なような気がします。

井上　それはどっちの手段でもいいかなと。

神林　ある程度マーケットができてしまって、均衡している状態だと、むりやりでもぐるっと回す方向で動かないと、それはITの技術かもしれないですし、人の個性かもしれないですけど、やらないとちょっと芽はないよねという感じですね。

年寄りは変わる? 変わらない?

編集部　この対談を掲載しているEnterpriseZineは、ユーザー企業の情報システム部門長向けというターゲットを掲げているのですが、何か、若い世代へ向けて、その、メッセージを発していくのは……。

神林 いや、若い世代に向けるんだったら、「もっとがんばれ」しかないですね。

編集部 年寄りに向けては……。

神林 「ハッピーな引退」ですかね（笑）。

井上 そこは僕、一応対立しておきますけど（笑）、年寄りだから考えが変わらないって思うんじゃなくて、変わるんじゃと思っている。

神林 それ、井上さんに聞きたいんですけど、年を食うと絶対に衰えるんですよ。体はね。絶対に衰える。で、衰えたときに何が問題かっていうと、衰えを自覚しないんです。これすごく多い。たとえば、僕は山に登るんですけど、たいがい事故る人って、若いとき山に登ってるんですよ。それで「いけるはずだ」でいって転ぶ。それは継続してやっていなかったり、自分の自覚が、自分の能力が劣ってきているという自覚がなかったりするから転ぶ。体力がいちばんわかりやすいんですよ、測りゃいいんだから。測りゃいいのに、落ちてる自覚がない人がすごく多い。

井上 なるほど。まあ、そうだったとして……？

神林 ……ということで、基本的に年寄りになればなるほど、自分の力が落ちているという自覚が取りづらい。全体的に能力が落ちるんですけど、そこらへんのギャップが自分で埋められない、だからダメです。引退ができない。

井上 引退ができるできないの話っていうよりは、年寄りでもチャレンジしたり新しいことができるのではないかって僕は思っているんです。

神林 おおー。

井上 もう絶対頭が固いから年寄りというのは変わらないという前提を置かなくてもいいのではないかなと。

神林 年寄りは変わらないか、変われないところはあるわけですよ。あ、世代交代って話じゃなくて自分ががんばるという話をしているんですね？ それでがんばれるのではないかと言っているんですね？

井上 うん。

神林 能力は落ちるじゃないですか。

井上 落ちるかもしれない。

神林 っていうことはがんばれるかどうかっていうところは、結構いろいろと難しいんじゃないのっていうのは思いますよね。まず体力は落ちますよね。

井上 体力は落ちますね。

神林 だから集中力も絶対落ちるわけですよ。

井上 集中力は落ちているかもしれないですけど、変わることに必要なものは集中力だけじゃないですよね。決断力だったり、ある種思い切りだったり。

神林 体力が鈍ると決断力が鈍ると思いますよ。

井上 うーん。一方で、もう少し期待したい、というか年寄りにもむしろいい点もあるかもしれなくて。若いって先が長いじゃないですか。そうすると、何らかの変更のリスクの影響も大きいじゃないですか。影響を受ける時間が。でも、残り5年とかってなればリスクをとって失敗したときに被る影響も少ないし、思い切れるんじゃないかなと。

神林 5年間逃げきろうとするんじゃないですかね。ここまでいろいろトライして来ていると思うんですよ。だからそこまで上がっているわけで、それをさらにひっくり返して、新しいことやろうっていうインセンティブは、非常にわきづらいし、それ体力がいる話じゃないですか。集中力、精神力もいる話だし、何よりやっぱり体力が必要で、それはなかなか、自分では認めたがらないですけど、現実的に体が動かない。そうするとどう考えるかっていうと、俺はできるけど、まあ、これぐらいでしかがんばれないって話になるかと。

井上 そこに答えはないんですけど（笑）、そんなに頑なに絶対変われないと思い込まなくてもいいんじゃないかなと。

編集部 創業者が、君主的に自分が終わるときが企業も終わるときと考えて、会社としての幕引きを考えたりしている人はいそうですね。

神林 そういう人多いですよ。やっぱり後継者を作ることに失敗している経営者がすごく多いので、それはデカい。割と有名なのは某アパレルの会社さん。次から次へと社長を取り代えた挙句の果てに自分が戻っちゃったりして。何をしてんですかって話をふつうは考えるんで。あんな感じの会社さんって、トップは俺がやるっていまだに言ってるところがやっぱり多い。メーカーにしろ、流通にしろ、多いですよ。

経営者のチャレンジと報酬

井上　さっきの某アパレル屋さんの話、あれは保守的な感じですか。

神林　保守的じゃないですよ。どんどんチャレンジしてやってますけど、でもね、間違いなく、体力は落ちてるんですよ。でも、そういう風な自覚は見えないでしょう。集中力だって絶対落ちているはずなんですよ。

井上　落ちてるけど、どんどんどんどん革新的にやっていると。

神林　いやいや、革新的ですか? ここ、2〜3年見て、本当に革新的ですか? って誰も疑わないでしょ。某社に限らず。それがまずいんですよ。だって、おんなじじゃん、みたいな。何か出た? 新しいの出した? 惰性だよね、となっているところが多い。具合が悪いのは、たぶん、トップの本人は絶対にそう思っていないところです。トップは惰性でやっているとは絶対に思ってない。でも、客観的に引いて見れば、ここ5年でいいです、下手すると10年間、変わっていないところが多い。規模は追求していると思いますけど、やっているビジネスモデルは基本変わらないですから。これは今後も、絶対変わらないし変われない。でも本人たちは変わっているつもりでいると思う。これが日本企業のトップの典型例だと思います。で、周りも何も言えないしね。何も言わない。クビになるから。怖いし。

井上　うん。

神林　どんどん威圧感出てくるし。

井上　(笑)。

神林　だから引導を誰も渡せなくなるんで、変われって言ったところで。じゃあ、老人の皆さんに期待できますかっていう話なんですよ。今までの実績を見て。そこはやっぱり見解が違うところで。たぶん、井上さんはああいう人だからやるんじゃないのと言ってるわけですよね。

井上　そうですね。

神林　僕はもっとリアリストなので、できてないじゃんって。ここ3〜4年。ということはこの先3〜4年できるって思うほうがおかしい。

井上　でもそれって比較論で、たとえば30代、40代の人と比べたときに、相対的に新しいことってしてないんですかね? 某トップの方は。

神林　他と比べてってことですか。新しいことを?

井上　チャレンジは。

神林　チャレンジしてるように見えますか?

井上　してるように見えるんですけど。

神林　具体的にどこ? 確かに、一昔前に大ヒットを出したときはすごかったですけどね。

井上　商品開発もそうだし、社内システムの投資とかも結構しているのかなという印象があります。

神林　特定のユーザー企業の話はコメントしないとして、どこも社内システムの投資はさんざやっていると思いますよ。で、結果が出ているかというのは難しいでしょう。結局、それが投資として正しい方向だったかっていうことについては、ビジネスモデルが変わっていないのであればITとしての投資というのはあまり意味がないと思っているんですよ、僕は。ビジネスが変わりました、または変えていくというために、ITも投資をして両軸として変わっていくということであれば、意味はあると思いますが、そうでないと投資の方向ってコストリダクションにしか行かないですよね。そういう意味だと、正しい投資になっているかどうか、ちゃんとそれが動いているかどうか。逆に言うと、それをトップが意識できているかどうかっていうのは、まあ、傍から見ていて微妙だなと思います。もちろん、まあ、そうじゃないっていう人も多いと思いますよ。でも、たとえば非常に大型のデータベースを導入しました、とやって、気付いたら、すぐにクラウドですよ、と、こういう話もあるわけで。でもクラウドって今すぐの話じゃないですからね、いつやるのって言ったら何年も先ですよ、と。どういうことだろうと。オンプレミスであれだけさんざぶち上げていましたけど、じゃあ実際にどういうタイミングでどう動いたの? と。買いました、オンプレミスのデータベースを導入活用します、プレスリリースはさんざ見ました。移行した上でこれだけ結果が出たっていうプレスリリースは1回も見たことがないですね。で、あれだけのものを買えば、償却期間は大変なわけで、まだ償却終わってないはずですね。それでクラウドって言っているのは、それはいったいどういう意味? って思いますよ。だからIT的にどういう方向であれば革新的かっていうのはちゃんと見定めないといけないんじゃないのっていう気はしますけどね。システム投資して売り上げがバシッと上がるっていうのなら

わかりますが、そうではないので。

井上 うーん。ちなみに、日本企業でなくてもいいので、投資の部分だったり、ビジネスモデルの部分にどんどんチャレンジしている会社の具体例ってありますか?

神林 そういう意味だとグローバルでやっているところは、結構あるんじゃないですか。ヨーロッパの物流系の会社だったりとか、アメリカだったらウォルマートなんかは投資はガンガン変えて、スタイルを変えるっていうような方向でやっています。

井上 そこでのウォルマートでの投資はコストリダクションじゃないほうのイメージですか。

神林 コストリダクションじゃないですね。データウェアハウスも、もともとあの会社は入れるのがすごく早かったんですよ。テラデータのビッグユーザーだったんじゃないですか。Hadoopなんかも早かった。あれも3〜4年前ですよ。まだ出始めのころにああいう、要するにビッグデータ系の、ビッグデータって言われるよりちょっと前くらいに、全面的にビッグデータの基盤に入れ替えを検討して実際にやってしまっている。そういう意味だとビジネスのあり方についても競合の軸を完全にAmazonだとか、ああいうところに置き換えてやり始めているので、変えていますよね。

井上 ウォルマートはまあ、ビッグデータ分析とかうまくいっているほうのよく出てくる話ですけど、たとえばその比較対象として、セブンイレブンはやっぱりダメなんですか?

神林 うまく行ったという話は聞いてませんね(苦笑)。

井上 そうですか(笑)。

神林 その話します?(笑)。めっちゃダメですよ。って言ったらすっげー怒られるからやなんだよなあ、本当に怒られるからさあ、もう(笑)。

井上 でもセブンイレブンて、業績自体はいいじゃないですか。

神林 業績がいい。どっちの話してます? コンビニのほうの話?

井上 そうです。

神林 あー。やっぱりGMSはやっぱり厳しいみたいですね。GMSってまあ、イトーヨーカドーなんだと思いますけど。で、イトーヨーカドー本体……って言ったらまた怒られるんだろうな。セブンが本体になっちゃってるか

らな……っていう意味だとうまくは行っていないというのが相場でしょう。ITって意味だと、やっぱりネットでの販売、セブンさんでもいいですし、ヨーカドー本体でもいいですけど、どんだけできてますか? っていう話になるのが普通でしょう。Amazonが年間で7000億ぐらいいってるのかな。で、1年間の伸びが1千億。プラス1千億ですよ。5千億が6千億になって次7千億とかになってます。で、イトーヨーカドー、セブンイレブン、あれだけあって、ネット販売で1年間で50億100億しか動いていない。おかしいでしょ、という話にしかならない。だからそういう意味では失敗に見えるのが現状でしょうね。本当はAmazonよりネームバリューとか製品に対する品質とか需要とか、特に客を見ているっていう意味だともらっている情報量は多いはずなんですけどね。

井上 比較対象がウォルマート……ウォルマートってネットはうまくいってるんでしたっけ?

神林 ウォルマートはがんばってますよ。でもAmazonには負けてる。

井上 ですよね。Amazon比較で言うと、たぶんウォルマートだってダメでしょう。

神林 ウォルマートとセブンを比較したらって話ですか?

井上 そう。

神林 技術的には全然ウォルマートのほうが先に行ってますよ。

井上 それによって得られているものも?

神林 利益がやっぱり、GMSみたいなでかい業態っていう意味で言うと、ヨーカドーよりウォルマートのほうが数字はいいんじゃないですかね。正確な数字は把握してないですけどね。

井上 ふーん……。

神林 まあ、あのスタイルでどこまで行けるかって極限までやっている部分はあるので、トライの方法がすごい。なるべく人を使わない方向にシフトしているんですよね。ウォルマートさんはね、もう、人を信用しない会社なんですよね。その上で、人の稼働を極限まで進めるような使い方をしているのですごい感じですね。やっているのは、来た従業員に作業指示書が、もう来たら全部、書かれているんですよ。最適化されたやつが。それだけやって、チェックして帰れ、なんですよ、考えるな、なんですよ。だから、これ出してこれ出してこれやってこれやっ

て掃除して以上、帰りなさいっていう指示はその人ごとに個別にカスタマイズして、都度最適化してですよ、毎日。そういう感じにまで今、なってるんで。

井上　それによって利益率が上がって……。

神林　上がる。人件費の比率がガーっと下がってくるから。

井上　で、セブンのほうは……。

神林　やってない、やってない、そんなこと。（笑）。

井上　で、それは社長が年寄りだからと（笑）。

神林　それはあるんじゃないですかね。やっぱりそこまで思い切ったことをやれ……本当はやれるんだろうなというのはあるんですけど、やっぱりやってないですからね。（話者注：このインタビューは、件の世間を騒がせた騒動以前に取られました。念のため。）

井上　それができないのかやらないのかはわからないですけどね。

神林　できないんじゃないんですか。やっぱり今まで積み上げた基盤をひっくり返すっていうことをやらないといけないので、それってたぶん、また年齢の話になりますけど、若かったらやってると思います。

井上　うーん。

神林　変な話ですけど。

井上　うーん。

神林　それを今まで積み上げてきたものを全部ひっくり返してもう一回作り直すっていうのは、年は取ればとるほどむずかしくなると思います。

井上　うーん……僕はそのセブンイレブンの内情は知らないですけど、ウォルマート方式じゃなくても、店舗の人のマニュアル化はたぶん進んでますよね。

神林　進んでいると思いますよ。進んでいると思いますけど、ウォルマートほど徹底してないと思います。極端ですからね。実験しているみたいな勢いですからね。人体実験に近い。どこまで耐えられるかぐらいの感じでやっているので。そのへんはカルチャーが違うから経営者の問題じゃないでしょうみたいな話もあるとは思いますけど。

井上　ウォルマート方式って、社員を信用できないモデルですよね。そこも、さっきの「日本語で通じるから標準化がいらない」に近いかもしれなくて、日本の中で信頼できる社員という前提だったら、もしかしたら経済合理

的かもしれない。そうすると、経営者の問題ではないかもしれないですよね。

神林　たぶんそうです。あとはもう、セブンイレブンの場合はフランチャイズなので、やっぱりちょっと直営のウォルマートとは味合いが違うので、ウォルマートと比較するのであればヨーカドーだと思うんですね。ヨーカドーはだってね、だってって言ったら怒られますけど、僕の現役のちょっと前くらい、ナンバーワンですから。イトーヨーカドーと言えば。カシミアのセーターから始まって。ご存じだと思いますけど、スーパーマーケット自体はアジア・パシフィック最高レベル。利益率も高いし従業員のモラルも高いし、売っているもののレベルも違うと言われていた。あのヨーカドーが今こんな状態になってしまっていて、経営陣が変わったかっていうと変わってないですからね。変わってないですよ。だからやっぱり、変えられなかったんでしょうね。積み上げてあれだけのピークを行ってしまうと、上から下まで、トップエンドからマネジメントというのはやっぱり変えることが非常に難しいんだと思います。

井上　ウォルマートにいろんな革新ができたのは、やっぱり経営陣が変わったからなんですか？

神林　経営が変わってますね、ガンガン。もう全然違う人がやってますよ。

井上　それが変わっているのは、取締役が機能しているからなんですかね。

神林　やっぱりプレッシャーが多いんでしょうね。株主からのプレッシャーもあるだろうし、社会的なものもあるんじゃないですか。結果が出なければ、年寄りはとっとと引退しろみたいなところがあるじゃないですか。向こうの会社は。

井上　まあ、結果責任みたいなことですね。年齢はもしかしたら関係ないかもしれないけど。

神林　だからどんなにピークで数字を上げても落ちたら交代じゃないですか。日本はピークで上げるとそのままなんですよね。下がってきても、そのまま。

井上　それはなんでなんですかね。株主がものを言う風潮がないからなんですかね。

神林　んー。株主がものを言う風潮じゃないってのはあるとは思いますが、それよりも、やっぱりある種の年功序列みたいな風土があるんじゃないですか。年寄りの

ほうが偉い、年食ってキャリアを積んでいるからっていうところがあって、過去にもこういう経験があったんで、何とかがんばっていただきましょうっていう。周りから引きずり下ろすっていうのはあんまり好まれないというかよろしくないですよねっていうのは、日本全体にある気がしますよね。だから別に小売に限らないですよね。シャープさんの件だって、どういうこと？ みたいな。東芝もそうだし、ダメになるまでがんばっちゃう。年寄りの人たちが。で、ダメになるときは割と破壊的にダメになるという。

井上 そこは、たぶん経営者は結果責任のほうが正しい世界かなとは思うんですけど、一方で、少ない給料で結果責任だったらチャレンジできないじゃないですか。だから、経営者にもっとドカンと数十億とかの報酬があったほうが、もしかしたら結果責任と連動しやすいのかなと僕は思うんですけど、神林さんはどう思います？

神林 えっと、引退しやすいですよね。だから、とっとと引退しやがれという仕組みのほうが結果責任は追及しやすいのは間違いないと思います。辞めなさい、お金出すから。

井上 そのためには、やっている間は高い報酬のほうが合理的ですよね。

神林 高い報酬のほうがいいです。で、辞めるときはスパッと辞めろと。それなら困らないでしょ、路頭に迷わないでしょ、と。さすがに企業のほうも役員をクビにしたあとホームレスになってましたというのは評判よろしくないので、そう簡単にはクビ切れないですけど、それがもう何億も持ってますっていうことだったら、いいから辞めやがれって話はふつうにできると思うので、それはあるんじゃないですか。

井上 じゃあやっぱり順序としてはまず、高い報酬ですかね。

神林 高い報酬（笑）。まあ、それはありなんじゃないですか。

井上 だって、低い報酬で結果責任だから辞めろっていわれても、チャレンジできないじゃないですか。

神林 報酬は高くしてとっとと辞めてもらったほうが下にチャンスもできますしね。

井上 という一方で、高い報酬があると、何だろう、やっかみというか批判的なことを言う人もいるじゃないですか。

神林 高い報酬で業績が出ていれば何も言わないんじゃないですか。

井上 どうなんですかね。外国人だったらいいけど、日本人だと何となくそんなメンタリティがあるような。

神林 でも億単位もらっているけど、文句言われない人たちもいますよね。ま、公共的な社会インフラの企業なら別ですが。

井上 あー……。

神林 それはどういうことかっていうと、がんばって、数字を上げているから誰も文句は言わない、ってところはあるでしょう。

井上 だけどやっぱり創業社長だからっていうのはあるんじゃないですか。たとえば東芝のサラリーマン社長が10億ももらってたらどう言われるか……。

神林 東芝が、たとえば売り上げ1.5倍にしましたっていえば、10億もらっても誰も文句言わないですよ。たぶん。たとえば10年間で東芝の売り上げ倍にしました。1兆だったものを2兆、4兆にしましたと言って、10億もらってますってなったら、そらそうだろっていう感覚でしょう。それを1兆を1兆のまんまだったら、それはいなくてもいいじゃんってなってしまうので……。

井上 うーん……やっぱりその順序で言ってしまうと、最初にそんなに高い報酬を出さないとチャレンジもできないという悪循環になってしまう気が……（笑）。

本質的にITは関係ない

編集部 報酬が先か売り上げが先か。

神林 報酬が先っていうか、報酬と同時に……。

編集部 がんばる。

井上 がんばる……？

神林 がんばるっていうのをちゃんと成果として出す。東芝さんも立て直して、売り上げをきっちり上げてすごい会社に持ってきたらそれなりの報酬を払うってスタイルになっていたら違ったかも。

井上 うん。なってないですね。

神林 本来は、なる仕組みだったんですけどね。利益分配ですからね、役員報酬って。経費じゃないので。日本の場合は、実際はほぼ経費なんで。従業員の延

長線上なんで。だからまあ、……全然ITの話関係なくなっちゃいましたけど（笑）。

井上 全然関係ないですね（笑）。

編集部 毎回、ITの話関係なくなりますね。

神林 そうですね。まあ、ITが本題じゃないんですよね、きっとね。

編集部 そうなんでしょうね。

神林 やっぱり、そもそも、企業のあり方とかビジネスのやり方とかのほうが根が深いので、技術的な問題以前の話がどうしても、でかいんでしょうね。そのへんが今のIT業界自体、ユーザーも含めて、やんなきゃいけないことっていうのが技術以外にあるって話なんだと思いますよね。ここ数年特にそうですよね。

井上 まあ、この業界がある程度成熟したせいもありますよね。

神林 ありますよね。まだ今までは汎用機からホストに変えるとか、そういうホストからオープン化するとかっていうのは、どっちかって言うと技術的なやり方とか、インターネット化するときにどうするかとか、でかい技術的な課題をどう乗り越えるかっていうのが、課題としては大きかった気があるんですけど、最近はどっちかって言うと、自分自身の問題として絶対に解決しないといけないっていう課題があんまりない気がします。以前に比べて。逆に言うとバズワードが流行る理由ははっきりしていて、そういうことぐらいしか話題がない。たとえば、オープン化の流れがあったとするじゃないですか。あのときだってデータ分析の話はあったんですよいくらでも。CRMとか。いろいろあったんですよ。だけどどちらかって言うと、本流のほうは、今の既存の今後続くかどうかわからないホストをオープン化していく話のほうが実際の問題としては大きかった。人材も減っていくと。それに対応してオープン化どうやっていくかっていうのは、割とみんな真剣に考えてやる方向でいろいろやっていたんですけど、そういう、自分の、当事者としての問題になるようなものが、ITの今の潮流からは出てきていないですね。AIにしてもそうですし、IoTにしても特にそうだし、じゃあ、それどう使うの？って聞いちゃうわけですよ。Hadoopどう使うの？ ビッグデータどうやるの？ IoTどう使うの？ AIってどうやって使うの？ ってベンダーに聞いてしまうわけで。それは当事者としての問題意識がす

でにないんですよ。だからそこらへんが違う。以前は、やっぱり汎用機からオープン化に変えなきゃいけないんだけど、具体的にこういう風にしたいんだけど、そのときにうちはこれこれこういう問題があってって、どちらかっていうとこう、建設的に話が進んでいたところがあって、最近はそういうのがない。そんなところがあるので、少し停滞気味な感じがしちゃいますよね。結局ビジネスとして今でかいのは既存のリプレースのSIなんで。何のかんの言いつつ実態としてはですけど。表向きにどう言っているかは別ですけどね……。

編集部 長生きもある意味、人類の勝利、社会の成熟の結果ですからしょうがないですよね。

井上 しょうがないし、年寄りは変われないと思い込む必要もない。変わるためには、高い報酬でチャレンジできるようにすると。

神林 僕は変わらないと思うなあ（笑）、なんでかね、なんで変わらないと思うんだろう？（笑）。

編集部 神林さんは、現在山に登っているとのことですが、どこかの時点で、体力の衰えを自覚して山登りをやめるんですか？

神林 山登り？ いやいや、やめないですよ。自覚しないし（笑）。他の年寄りが自覚しないのに、自分だけ特別で自覚する、なんておかしいじゃないですか（笑）。

編集部 （笑）。じゃあ、いつか事故るんですか？

神林 んー、わかんない。わかんないけど（笑）。事故るかも（笑）。

井上 ひとつ、僕に関して言えば、年を重ねるほど、むしろ昔のほうが保守的だった気がしていて。何なんですかね。わかんないですけど、昔のほうが先が長いじゃないですか。だんだん短くなると、リスクをとっても、まあ、いいかみたいな（笑）。

編集部 そんな、まだ短くないですよ（笑）！

神林 だって、Notes作ってる段階で全然保守的じゃないですよね（笑）。

井上 もうちょっと技術のところで、今のほうが、まあ、何でもいいかな、みたいな。

神林 や、どうなんですかね。

井上 たぶん、それができるひとつのところが、億はもらってないですけど、お金がそれなりにあったりとか、生活に余裕があるとか、そういうことが関係しているかもし

れないなって。

編集部 お金大事ですね。

神林 どうかなあ……。

井上 ちなみにみなさんは、年齢とともに保守的になっていますか?

神林 なってますね、確実になってますね(笑)。

編集部 なってますね。

井上 あれ? 僕、変わり者なのかな(笑)。

編集部 あの、たぶん、井上さんは、もとからそんなに保守的ではないのでは……。

井上 いや、結構保守的だった気がするけど……。

神林 あんまり変わってないんじゃないですか? Notesやっている段階で全然保守的じゃないですよ。当時と同じような感じの、もっと派手なことをやる気が起きますかっていうことで。あと、僕の場合は、体力は確実に落ちましたね。集中力も落ちますよ。あと、あんまり怒らなくなった。

井上 (笑)。

編集部 (笑)。

神林 え、何でそこで笑いますか。

編集部 昔どんだけ怒ってたんだっていう。

神林 昔は1年に2回くらい電話機を壊していましたね。すぐキレるっていうので。

編集部 まるで今はすぐキレないような言い方ですけども。今後どうなるか、神林さんが60になるまでこの対談を続けていって、変化を見守るというか辞めます宣言まで見守らないと。

神林 僕は辞めますよ。うちの会社は若い人すごく優秀なので、僕がいなくても回りますからね。今はそんなこととないですけど、そのうちそうなると思います。そうするのを目標でやっているので。

井上 それは技術的な部分じゃなくて、ビジネス的なお金を回す部分もですか?

神林 お金を回す部分はまだ彼らはできていないと思います。さすがに。でも、そのうちできるようになってくると思うので、回るようになってしまえば、意外にあとは惰性で行ってしまうところはあるかなと。そこまで行って、さらにプラスを考える余裕が出てくるんじゃないですかね。

井上 出てくればいいですけど。

神林 出てくると思いますよ。余裕が出てくれば、やれるだけの能力はありますよ、彼らには。ビジネスセンスもあるし心配してないですね。

編集部 お金さえあれば、ね。

井上 そうですね。多少、チャレンジのためにはセーフティネットが。

神林 そう、セーフティネットを作るのが経営者の仕事なので。そこがセーフティネットになってなかったりするんですけどね。

編集部 貧すれば鈍すで。お金がないと硬直しますね。

神林 あればあったでいいのかって話もあるので。

編集部 毎回同じようなところに行き着きますけども。次回のお題はクラウドです。

CHAPTER

7

クラウドが思ったより
普及していない件

クラウドとはAmazonのことであーる!

編集部 さて、今回のテーマはクラウドということでお願いします。

井上 神林さんはクラウド嫌いなんでしたっけ?

神林 僕ですか? 一般的には別に嫌いじゃないですよ。とはいえ、実際、好きか嫌いかっていうこと以前にですね、結局使い物になるクラウドって何を指すの? とか、海外勢と国内比べてどうなのかとか、そういう話があって、定義がどうとかこうとかいう話になってしまったりして、好きとか嫌いとかそれ以前の話で。まずそもそもクラウドって何を指すのっていう。

井上 そうですね。まずはクラウドの定義から。

神林 まあ、NISTの定義とかどうでもいいんですけど、どこを指しているのかっていうのは話を始めるにあたって、はっきりさせておいたほうがいいですね。僕だと、クラウドっていうのはもう、Amazonなんですよね。

井上 いきなり固有名詞とイコールになる……。

神林 国内もクラウドクラウドって言って実際にやってるんでしょうけど、完全に透過的に多機能を出して、安定的で、かつコストをちょっと下げてということのプラットフォーム、あるいはIaaS/PaaSはもちろん、SaaSまで持って来れているっていうレベルで言うと、やっぱりAmazonが頭ひとつ抜けてます。クラウドと言えばAmazonですし、Amazonと言えばクラウドというのが、正直、僕の意見で。あとまあ当然Googleっていう意見もあるんですけど、あれはもうGoogle寄りの話でしかないので、クラウドって言い方していますけど、そもそも、重要なやつをちょっと貸してみたりとか……。

井上 それはでもAWSも同じですよね。根源をたどるとみんな……。

神林 はい。でも、どこまでサービサーとして自覚があるかっていう意味ではAmazonのほうがまだGoogleよりしっかりしている。Googleは割と簡単にやめそうだなと。具合が悪くなると。Amazonは1年、2年はちゃんと引っ張るとちゃんと言ってますし、そこは違うだろうなっていうのがありますね。あと最近はAzureがクラウドでは出て来ているので、Azureはまだ不透明な部分はあるんですけど、AmazonとAzureくらいがクラウドと言っていいんだろうなと思います。国内については、そういう風に言っていいものまでっていうのはなかなか出てきていない。

井上 固有名詞で定義されましたが、抽象的な定義はないですか?

神林 分散機能がちゃんとできていて、サービサーとして提供できるっていうのがまず基本にあります。単ノードだけのサーバーをパーンと貸すっていうのはレンタルサーバーですよね。それをクラウドとは言わないですよね。分散処理になってくると可用性が上がるのは間違いないので、高い可用性とインフラに対する透過性ですかね、トランスペアレンスがしっかりしているというところをもってクラウドかな、という風に思っているので、それで当てはまるのが2社くらいなんじゃないの? と思っているところです。

井上 すごい仮の質問なんですけど、使う側から見て、十分に分散と同じくらいに安定して、安定っていうのは、落ちないっていうこともそうだし、レスポンス性能も安定していて、裏側が集中システムだったらそれはクラウドなんですかね?

神林 そういう意味だとそうだと思いますよ。

井上 ……となると使っている技術はあんまり関係ない。

神林 使っている技術はあんまり関係ないんですけど、分散に比べて集中管理をして、ちゃんと分散処理並の高い可用性を出すことができるかっていうことについて、技術的にはできないと僕は思っているので、そういう意味では分散プラットフォームの形に持っていくしかないと思うんですよね。サーバー1台が故障する、おかしくなるっていうことは起きるので、それをどれだけ減らせるかっていうことであれば台数を増やしていくしかない。で、2台にすりゃいいかっていうと2台も壊れるよね、3台も壊れるよねってなってくるので、そこはやっぱりn台、どこまでいけるかっていう話だと思うんですよね。

井上 僕は、クラウドの定義は主に3つくらいあるかなと思っていて。ひとつはあんまり意味のない定義で、「ほぼインターネットと同義」みたいに、クラウドサービスだったら世界中で使えます。……というのは、クラウドのところをインターネットに置き換えてもほぼ成り立ってしまうということで、これはあまり意味のない定義かなと。2つ目

は大規模というか、十分に可用性が高くて、サービスが安定しているという意味での、まあこれもインターネット上のサービスの延長かもしれないですけど、品質の高いものをクラウドと呼んでいるケース。3つ目は、さっき神林さんが言ったサービサーとしての……、というのと近いのかもしれませんけど、いわゆる所有から利用のパラダイムシフトのところを指してクラウドと言うのが多いのかなと。これは技術じゃないところですよ。主にそのへんがクラウドという言葉の定義かなと思います。

神林 まあ、コンピューターリソースをちゃんと提供できるのがクラウドだとすれば、そういうことかもしれないですね。

思ったより普及しなかったクラウド

井上 それは、さっきの、可用性だったり、安定したレスポンス性能があって、サービサーとしてもちゃんとしていればいいという話ですよね?

神林 好きか嫌いかというか、推進すべきかどうかっていう話だと僕はクラウド推進派です。これはちゃんと言っておきます。何かもう、オンプレでサーバーを持ってグジャグジャやらないほうがいいと思いますよっていうのは正直に思うので。

井上 それは規模の経済と思っていいんですかね。

神林 ITって労働集約的産業じゃないですか。それが成り立たなくなってくるので、インフラのメンテとかやってられないですよねっていう話ですね。だから、より生産性の高い、いろいろなチャレンジなり、価値を出すところに、人的資源っていうのを投入していかなきゃいけない。特にユーザー部門については、インフラのほうに人を割く余裕というのはなくなるでしょう。であれば、まずは何も考えずにクラウドに乗っけて、人の部分を、コストダウンという意味ではなくてですね、もうちょっと先のほうにあてていかないとやっていけないですよねという意味で推進派ですね。

井上 ユーザー部門としては、インフラのお守りを誰かに任せるということがポイントであると。

神林 任せるっていうよりは、軽減させる、ですよね。落ちない形に持っていくのであれば、負担が確実に減っ

ていきますので。年に数回落ちますよってなると人を張り付けなきゃいけないですが、10年に1回とか、5年に1回とかだったら、そんなにガチッと人を張り付ける必要もないし、何か起きたときに対応すればいいやっていう話も出てくる。特にインフラ系、ドカドカドカっと何十人も張り付けてメンテしているのであれば、そういうのはもう成り立たないので、とっととやめて、クラウドで計算資源だけ利用して、もうちょっと生産的なほうに人を割り当てていかないと回らないですよねという意味でクラウド推進派です。ところが……ですね。うちは実は、クラウドよりオンプレ案件のほうが多いんですよ。思ったほどクラウドって普及していないんですね。ま、実際、最初にガートナーが出したレポートでの1兆円、2兆円なんていうのは全然いかないだろうと思ってはいたんですが……。

井上 いつ頃の話ですか?

神林 3〜4年前かな。4〜5年前かな、そのくらいいくよ〜、全体の5割くらいいっちゃうよ〜とか言ってましたけど、いくわけねえだろと。ただ、まあ、2割強くらいはいくかな、と。できれば3割くらいいってくれると……。

井上 いつくらいのタイムスパンで?

神林 いや、今くらいですよ。あれはたぶん3年くらい前だと思うので。うちが西鉄ストアさんをクラウドに移したのがもう5年前なんですよね。で、5年前の段階で数パーセントか0.数パーセントでした。5年も経てば、2割〜3割はいくだろうと思ってましたけど、正直、業務系という意味では1割切っていると思います。そういう意味だと、予想よりはいっていない。思ったより普及はしていないなあというのが正直なところで、そこはちょっと残念だなと思います。

井上 一番の懸念っていまだにセキュリティですか?

神林 違いますね。

井上 替えるのがめんどうくさい?

神林 うん、それもありますね。替えるのがめんどうくさいのもありますし、やっぱりどうしてもSIerさんがクラウドに対して、あんまりうれしくはないっていうのが透けて見えてきしまうところがある。やっぱり自社のデータセンターでハードを売って……っていうところから抜け切れていない。だから持っていかれると困るみたいな。で、クラウドに持っていかれるSI費用と言えば、なんで5億円もかかるの、意味が全然わからないんだけど?……

という見積もりがいまだに出てくる。その意味だと、SIerさんに依存しているユーザーからするとスタックしたまま動けないというのは現状だと思います。だからクラウドに持っていくのであれば自社内製化をしながら、クラウドに……っていう筋にならざるを得ないんですけど、それをやるにはやっぱりユーザーさんがまだ非力だと思います。そういう意味だと、宙ぶらりんの状態のまんま2~3年続いているなあというのが今のクラウドに対する進み方……。

井上 ユーザー企業が非力というのはSIerに言われたら反論できないという意味で、非力ということですか?

神林 うーん、SIerに言われて反論できないっていう部分は、依存度が非常に高くてですね、自分に技術力がないっていうのがあると思います。加えて全部SIerが来て彼らがやればいいんだって勘違いしているユーザーさんがいるんですよね。で、そういうところが、割と限界に当たっているかなと。ある意味プロの集団であるSIerと、どううまく付き合うかということについての距離感がちゃんと保てていない。だから、クラウドでっていうときにも言い方がよくわからない。彼らにいったい何を期待していて、どうしてもらいたくて、当然パートナーなので、彼らのデメリットだけじゃなくてメリットもないとまずいわけで。コストが下がるだけですよっていうのは、そりゃ動かないですよねっていう話になるんで、そこについての取り組みっていうのは、どうしても足りていませんよね。従来の、リソースがいくらでもあって、人がたくさんいて、ベンダーがたくさんいて、RFP出して、買い叩いて……っていうやり方は通用しなくなっている。なのに、いまだにそっちのやり方から抜け出せていない。それだとSIerはクラウドに移るインセンティブはないですよ。

井上 SIerがクラウドに反対する理由のひとつが、さっきの替えたくないっていうのと、ハードウェアが入ることによって利益が出るっていう……。

神林 はい。利益が出るよって話ですよね。

井上 そんなに利益出ているんですかね? ハードウェア。

神林 売り上げは上がりますよね。利益っていう意味だとアレなんですけど、それに抱える人員にお金払ってもらえますし、ベースのビジネスとしては、いまだに。

井上 そうですね、売り上げを作るのは簡単ですね。

ハードウェア。

神林 ハード入れて、人を入れて、インフラ構築3000万ですよって言って、3000万とれるじゃないですか。3000万の案件をとろうとしたら、今大変じゃないですか。

井上 ソフトウェアだったら大変ですよね。

神林 はい。で、インフラ入れますよ、3000万ですって言うと、まあ、しょうがないねって大半のユーザーはたぶん思う。これが現実かなという気がしますね。

井上 で、ユーザー側も物が見えると安心、みたいな。

神林 まあ、それはあるでしょうね。そこで具合が悪いのが、あとはクラウド側の対応と思いますね。非常によろしくない。

井上 特にAWSがよろしくないと。

神林 特にAWSがよろしくない。もうこれははっきり言っておきますけど、特にサポートですね。あれはさすがに酷いと思います。

井上 立場的にAWSの肩を持っておくと(笑)、お金を払えばいいサポートもありますよね。

神林 それはやりましたけど、あれでサポートって言うんですかね。

わからないなら わからないと言ってほしい

井上 今の時点だと、個人の質によるかもしれない。

神林 それもあるんですけど、全体的なレベルが上がってないと思いますよ。理由は2つあると思うんです。ひとつは秘密主義的なところがあって、具合が悪いことは出さないみたいなのがあって、しかも、それ程度超えてんだろっていう話。もうひとつは、そもそも本当にわかってるのか? っていうくらい難しくなっているんだろうなっていうのが……。

井上 難しいでしょうねえ。たぶん、わかってないかもしれない。ただ、それは別に能力不足っていうよりも、人間の叡智を超えているのかもしれないですよ。

神林 ……であればですよ、わかんないって言えばいいんですよ。言わないですからね。それは言えません、みたいな。いや、わかってないんでしょ? という話。だったらそう言うべきであって、そこはやっぱり誠実では

ないです。少なくとも。僕らが何でサポート必要かって言うと、落ちたときに、何で落ちたか？っていうことですよ。もう2度と落とすなって言うつもりはまったくないんですよ、そんな、落ちるに決まっているじゃないですか。システムなんだから。で、問題は、落ちたとして、どう手当てをするかですよね。同じミスを2度はやりたくない。じゃあ、どういう原因で落ちて、これこれこういう理由で落ちたと。であれば、これこれこういうことをやれば、次は落ちたとしても別の理由ですよねという風になる。そういう手を打ちたいんですけど、それをはっきり言ってくれないんですよね。で、もう今、動いてますよねとか言うんですよ。ちょっと僕らの場合使い方は特殊で、やっぱり分散クラスターで、HadoopやSparkでバッチを動かすっていうスタイルなんですよ。そうするとたとえば、連続で、3時間4時間5時間バッチを動かします。Hadoopだとリソースを相当使うんです。その時間CPUはほぼ回しっぱなしになるわけです。ネットワークも含めて。だから負荷って意味だと、局所的にはかかる。だから、変なバグとか出やすいんですね。一番多いのはネットワークのスローダウンです。微妙にちょっと遅れる。そうするとやっぱりバッチ全体がぱっと遅れるんですよ。それでもちゃんと終わるようにはやるんですけど、分散処理なんで。でも、明らかに遅れたと。ネットワークが遅延しましたよというのは発生するんですね。で、何で？って聞くわけですよ。そうすると回答がですよ、「いえ、今もう元に戻ってますよね」っていう回答なんですよ。お前待てよ、と。そんなこと聞いてんじゃないよ、今戻ってなかったら大変だろうコノヤローって話ですけど。回答はそうなんですよね。

井上　まあ、わかんないでしょうね。ソフトウェアに近くなればなるほど再現しづらいというか。

神林　はい。ネットワークの遅延は確かに難しいんだと思います。ただ、じゃあ、わかんないんだったらわかんないって言ってほしいっていう気持ちが正直あって、そういうところがやっぱりチラチラ見えますよね。

井上　でも、それ、「わかんない」って言ったらOKなんですか（笑）？

神林　言えないっていうよりはまだマシです（笑）。あーそうですかと。じゃあわかる範囲で詰めていきましょうかっていう話は少なくともできるわけで。いや、言えませ

んって言われたらこっちは何もできないじゃないですか。これはわからない、と言ってくれれば、どこまでがわかってて、どこまでがわからないかはせめてはっきりする。だからここまではわかっているというところをはっきりさせてくれと。そうすると、こちらのアプリサイドで、ブリッジはかけられるから。少なくともわからないところに踏み入れないようにすればいいということがはっきりする。

複雑化し過ぎたシステム

編集部　サポートっていうとDBオンライン的には、OracleとかSQL Serverチームとか思い浮かびますね。

神林　サポートって100あったら99はどうでもいいやつなんですよ、だいたい。いろんな傑作な例がたくさんあって、うちの……これは話していいのかこれは（笑）。

編集部　ぜひお願いします。

神林　UPDATE文でWHERE句抜かしたとかですね（笑）。「いやーでも、聞くところによるとDBにはトランザクションというものがあるので、元へ戻ると聞いている」とかね、おお、なるほど、みたいな（笑）。それはいろいろと間違っているんだけど……みたいなこともふつうにありますし、僕が聞いて一番傑作だったのが、これは話していいのかな（笑）。

編集部　ぜひお願いします。

神林　まあ、某MySQLっていうところのサポートに「お前のところのSQL Serverが動かないんだけど」って電話がかかってくるとかですね（笑）。そういうのが、まあ、いろいろあるみたいで、どこも似たような感じです。

井上　今、サポートに突っ込んだ理由は何でしたっけ？

編集部　DBオンラインでは、いろいろなサポートの人の取材や寄稿をお願いしているんですけど、いや、サポートの人っていろいろいるんだなあと。

井上　たくさんいますけど、ピンからキリというか。

編集部　で、いろいろいる中で、AWSのサポートというのは、今のところOracleとかSQL Serverとかと同じくらいの規模というか、能力というのか、窓口なのか……。

神林　サポート部隊は強化しています。すごく。強化していて、人もとっていますし、僕があったサポートマネージャーはもともと、大手のベンダーのサポートをやってい

た人が引き抜かれて行ったぐらいなので。

井上 結構サポートは、IT業界で言うと、窓口に近いフロント寄りって、ちょっとこういうとアレですけど、まあまあ安い人材というか、FAQを見て答えるだけの人から、だんだん専門的になるとコンサルに近い、上級職のイメージがありますね。

編集部 「シニア」が付いたりしてね。

井上 Amazonって何て呼んでましたっけ、職種としてサポートのこと。サポートはサポートなんだけど、もうちょっとかっこいい役職が付いてました。で、それなりに高いお金も取って……という感じですね。

編集部 ではAWSのサポートは今強化していてそれなりに力も入れているんだけど、まだ今のところはダメであると。

神林 ダメですね。

井上 部分的には、分散で、かつ共有していくと、もはや人間ひとりの頭には入らない。複雑だから。もはや誰もわからないのかもしれないです。何か問題が起きたときの原因だったり、それをもう一回再現する方法だとか、小さなシステムであれば、もう一回再現環境って作りやすいんですけど、でかくなるともう再現しようがないというか。

編集部 それはAWSに限ったことではなく?

井上 あらゆるシステムが複雑化していくとどんどんそうなっていくかもしれない。AWSの人の能力が極端に低いと言うよりは、複雑なシステムはいずれそうなっていくような気がします。

神林 ……やっぱり、再現させるのはAmazonは一苦労でしょうね、あれ。ただあれだけの高い技術があるので、がんばれているような気がしないでもないんですが。

井上 だからまあ、GoogleとかAzureでも、どこかの段階では誰にもわかりませんというところが。

神林 まあ、その可能性はあるでしょうね。

井上 逆に小さいシステムだと実はわかるんですけどね。ただ、いろいろなものがクラウドに向かっていくと、小さいほうは規模の経済で生きていけないと。

神林 あとは分散システム自体に対するプラクティスが不足しているんでしょうね。再現させるにしても。わからないと再現させられないですからね。どういうもので、

どういう挙動でどうするかっていうのは、やっぱり難しいと思います。

井上 神林さんが、AWSが気にくわないのはそのへんということで?

神林 サポートマネージャーに話をしたんですよ。あなたは以前はどちらにいらっしゃったんですか? って。そしたら某社にいたと。へえ、ちゃんとしたところじゃないですかと。じゃあね、聞くけど、もしあなたが移籍前の、その某社にサポートマネージャーだったとして、今やっているAmazonサポート、100点満点で何点つけます? って聞いたんですよ。少なくとも100点じゃないよなと。100点だって言うんだったらもう話にもならない。かといって0点でもないですよね、と。じゃ、何点だと。そしたら「話せません」と言っていましたよ。まぁ、酷いっていう自覚はあるでしょうね。

編集部 某社ってどこですか?

神林 忘れましたけど。どこのソフトウェアだったかな。すごくしっかりしたところですよ。要するに、個人の能力に会社が意図的にキャップをかけてるんですよね、間違いなく。しゃべっていいことと悪いことっていうことまで含めて。

井上 ああ、まあ、それはあるかな……。

神林 だから、わかってるんだけどしゃべれないっていうことと、わからないのでしゃべれないことがあるはずで、全部一緒くたにして、とにかくしゃべれませんでは、それはよろしくないでしょうと。わかんないならわかんないって言えっていうのはそういう理由です。それはだからあんまり誠実じゃないよねと。そういうのは絶対にユーザーに見抜かれるんですよ。現実にさんざんAmazonにトライして結局やめたっていうでかいユーザーもたくさんいて、話を聞いていると、サポートなんですよね。だから、そこらへんがクラウドが普及しない理由のひとつになっているのは間違いないです。で、その自覚があるんだかないんだかよくわからないですよね。特にAmazonジャパンのマネジメントは。

編集部 ええ、まあ……。

神林 ……というのを、自社製品をAmazonに持っていく、SaaS的な展開を考えているところを、井上さん的にはどう見ているんですかね、というのは非常に興味があるんですよ(笑)。

井上　まあ、うちもAWSをだいぶ使っていますからね。神林さんが言ったみたいな秘密主義っていうよりは、あんまりわかんないのかな？ ってとらえていますけど……。なんて考えるあたりがちょっと優しいのかもしれないですけど（笑）。ある種、不安定さはしょうがないと思った上で、Webアプリケーションを作ろうとしていますね。なので、サーバーも落ちるし、ネットワークも切れるし。

神林　ネットワークがやっかいだと思っていて。サーバーは落ちるのはありがちな話なので。

井上　それはしょうがない。しょうがないっていうのもあれですけど、そこの安定性を求め過ぎると、オンプレがいいじゃんみたいになって。ある程度規模の経済を効かせてみんなで共有していくと、不安定さもまあ、しょうがないのかなと割り切っています。

神林　ただその、同じことに2回当たりたくないっていうのはあるじゃないですか。そういうのはないんですか。

井上　うーん。たぶんさっき言ったように再現とかできないんじゃないかなと思っています。

神林　がんばればできるということはなくはないと思っているんですよ。それくらいの高い技術力はあると思うんですよ……。

井上　すでにうちの中でも、複雑化していくと、これ問題起きたときにどうやって再現環境作るかなとか考えていて、ビッグクラウド、メガ・クラウドまでなると、再現できないだろうなあという気がしますね。

神林　そういうリスクはとる、甘受するっていう話ですかね。

井上　そうですね。

神林　それはなかなか難しいんじゃないですかね。ユーザーさんにとっては。どうなのかな。

井上　でもオンプレだって落ちますよね。

神林　落ちますよ。でもそれが逆に言うと、非常にクリティカルなところにヒットしましたということがあったとして、どこかの社会インフラ屋さんみたいに、世界に数件しかないバグみたいなのが発生してですね、半日〜1日以上業務ができませんでしたみたいな話になってくると、ちょっと厳しいですよね。そうすると、そういうところではクラウドは使えませんねっていう話になるかな、と。

井上　命が懸かるところには使えないかもしれないですね。

神林　なるほど。うん。

井上　どうだろう。使えるのかな。まあ、それはあれですね。全部下から、ハードウェアからすべて見てても、まあ、やっぱりどこかで落ちる可能性はあるし、そうすると、台数を増やして、安定化させるほうが正しいかもしれない。

神林　そうですね。そうすると次の手が打てますからね。次の手が打てないっていうのが、クラウドの最大の弱点かもしれないですよね。

井上　次の手が打てない……クラウド全体がってことですか？

神林　再現ができないっていうことはまた起きる可能性があるということで有効な手段がない、わからないっていうことですよね。それがメガ・クラウドの弱点かもしれない。

井上　でも、昔から規模の大きいソフトウェア、かつバージョンアップを繰り返していると、バグがゼロのソフトってないじゃないですか。

神林　バグがゼロはないんですけど、少なくともここは絞り込めますよねみたいなことはできていたので、それができるかどうかっていうのはでかいと思いますよね。それができないっていうのはやっぱり厳しい。

井上　クラウドというよりも、ソフトウェアの複雑さが……。

神林　やっぱり前よりも複雑になっているのは間違いないですよね。

井上　これはもう、人類が抱える危機かもしれないですけれどもね。

神林　そこらへんが、今後のクラウドを占う上での基準になるかもしれない。

井上　でもまあ、そこに行く以外には、小さいシステムで少ない要求に応えるだけよりは複雑化していくのはしょうがないかなと。要求が増えているので。

神林　難しいですよね。そのへんが。

結局はデータセンターの話なのか

井上　最初のときの対談のテーマに近いかもしれないですけど、江戸時代に戻ったら要求も小さくなるかもし

れないけど、僕はもう、人間の欲求は膨らむものだと思っていて。

神林 んー、まあ、それはやっぱり最初の話になるんですけど、思ったほど、経済の伸び率が少なくて、発展が鈍化しているっていうことで、発想だとかデータ量だとかいろんなことも鈍化しているのは間違いない。

井上 経済の発展が鈍化っていうのは何の指標ですか。

神林 や、単純に日本経済でいいですけど、伸び率、GDPですよ、70年代と比べて明らかにダウンしているのは間違いないですし、ほぼサステナブルになることが大事だくらいになっているので。

井上 それって日本の一部の論調ですよね。

神林 いや、全体的に売り上げを見ても伸び悩みの会社のほうが多いと思いますよ。

井上 グローバルで?

神林 日本でっていう意味ですね。そもそもそれだけのITとか仕組みとかデータとか、特にデータとかですね、処理基盤がいるかっていうと、毎年伸びてはいますけど、級数的に伸びているわけじゃないですね。今、ムーアの法則の限界とかもあるし、メガ・クラウドみたいなノードばんばん足していく仕組みが本当にいいのかっていうよりは、揺り戻し的に高集約化みたいな話も出てきているのがあるので、そうするとオンプレ回帰みたいな話はなくはない。

井上 それは日本でっていう話ですよね。グローバルでは、そんなに縮小の考え方は、ヨーロッパにはあるかもしれないけど……。

神林 ヨーロッパにはあるかもしれないし、日本にはある。アメリカにはないか……。

井上 個人的には縮小の考え方はあんまり好きではなくて。

神林 好きではないと思いますね。IT屋さんは基本、縮小が好きではないと思います。確かに、行き詰まりしか出てこないので。とはいえ、その中でどうやって手を打つかっていう現実の問題はあると思うので。

井上 それこそ、日本からIaaS的なクラウドベンダーが今のところ……。

神林 出てきていないですね。それは需要がないんでしょう。

井上 日本でなくてもグローバルで出て行く手はありますよね。

神林 ネイティブが英語でない限り、僕は難しいと思っているんですけど。そういう意味だとクラウドについては多少曲がり角というか、考えを修正していかなければいけない。現実との乖離というのはここ5年で出たなというのが正直なところですね。

井上 それが、日本での伸び悩みの要因であると。

神林 ええ。だから、いいか悪いかっていうと良くはないですよ。やっぱり人手が確実に足りていないので、低成長よりもっと低くなっちゃいますから、どう乗り切るかって言ったら、クラウドを使ったほうがいいと思うんですけど、それにしてもその問題に対しての対策というか考え方というか手段というのがどうもちゃんと提供されていないなというのがあります。

井上 グローバルでの業務アプリのクラウドの利用率って何か数字出ているんですか?

神林 それは見かけ上は高いんじゃないですか? IT系のマスコミの統計データとかそもそも論ですけど。

井上 それができるのは、いい加減なサポートでも大丈夫だということか。あるいは、ないと思いますけどグローバルでは誠実にやっているとか……。

神林 結局、データセンターの話なんですよね。各グローバルのユーザーって最終的には各地でデータセンターを作っちゃってる。

井上 ユーザー企業で?

神林 はい。それをつないでやっているので、それとAmazonと比べてどうかって話に落ち着いちゃうと思うんですよ。僕、そもそもクラウドのある種の前提になっているインターネットって言われているほど大規模だと思っていないんです。

井上 ああ、そうなんですか(笑)。

神林 所詮、ネットとネットをつないでいる「その部分」だけってのが、キャリアさんのコメントで。まぁ、それは非常に当たっていると思います。たとえば、専用線でつないでいる部分はインターネットじゃないんですよ、彼らに言わせると。あくまで網と網をつないでいる部分でしかないので、それをインターネットって言うのか、全体をインターネットって言うのか、はっきりさせてくれって最初に必ず言われるんですけど。そういう意味で言うとデー

タセンター間を専用線でつないでやっているクローズドなものでやっている限り、それはインターネットでも何でもない。じゃあインターネットで、って言ったときにどこまでカバーしているのっていうことになってくる。そうすると、あるデータセンターっていう視点で見れば、クラウドのデータンセンターってのは、そことどうつながっているのかっていう……。

井上 自社で保有しているデータセンターと、パブリッククラウドというか、第三者の……今、どちらの話をしていますか?

神林 第三者で保有しているデータセンターを使うか? っていう選択に、なってしまうのかなと思っていてですね。そうするとクラウドを使う使わないっていう話よりは、自分のデータセンターでやるか、他のデータセンターを利用したほうが安く上がるのかみたいな議論になりませんか?

井上 所有か使用かって感じですよね。

神林 ええ。で、そもそもそんな話だったっけ? っていうのもあってですね。ただユーザーから判断すると、さっき言ったグローバルの会社がクラウドを使っているんですかねっていう話になったときに、それはクラウドを使っているとかそういうことではなくて自社のデータセンターと自社の網でやるか、他のを借りるかっていう議論になってしまうので、そういう議論になっていると、実は移しづらいですよね。大規模にボーンっていうのは。……ということが実態に見えます。やっているところはやっていますけど、意外にそこもグローバルとは言いつつも、一気にはなかなかいかないよねという感じかなというのが現実かなと思っていますけど。だから、「クラウド」っていう抽象的な言い方から、実際のデータセンターと回線っていう視点で見たときに、使い方に対するスタンスがガラッと変わるわけで。

井上 そうすると、グローバルでも第三者に全部移すという、パブリッククラウドの利用は結構壁があるだろうという?

神林 ありますね。コアで移す分については自社で作ってしまってやったほうが最終的には安くあがるという腹はあるんで、でかいグローバルユーザーであれば自社データセンターを複数、世界各地で構えたほうが実はコストが安いんですよ。

井上 規模の経済で言うと、十分に大きければクラウドを使う必要はないと。

神林 特にハードウェアはやっぱり携帯、モバイルが伸び悩む。それから言われたほど、タブレットも伸びてないし、その割にはPCは減ってるとなってくると、半導体メーカーからするとですね、そっちのマーケットは見なくなるんですよね。で、データセンター自体を軸に持ってくるんですよ。その証拠に今パソコンって値段が上がっているんですよね。5年前、10年前に比べてパソコンの単価って高いと思いますよ。実はリテールマーケット自体についてベンダーサイドはコストをあまり下げない、どうせあまり台数出ないし……という風になってくるので、いろいろその影響で、単体でサーバーを買う値段って上がっちゃうんです。逆に言うとデータセンター単位で買うっていうのはすごく安く買えるようになってしまっていて、それであれば、ユーザー企業からすると、そんなに安いんだったら、逆にデータセンター単位で買ったほうがいいんじゃねという風になりつつある匂いを感じます。

井上 大きいユーザー企業ですよね。よく、クラウドを電力とかガスとかにたとえますけど、自前で発電機持てるくらい大きければ、自前で持っていたほうが良くて、でもたいていの会社は電力を買う。そういう意味で言うと、よほど大きくない限りは、パブリッククラウドに寄っていくのかなと思っているんですけど。

神林 その可能性はありますよね。だから、十分グローバルで大きくなれない企業が乗るのがクラウドで、グローバルな会社はクラウドなんか使わないんじゃないですか?

井上 自社発電みたいにして?

神林 だから、グローバルな会社がクラウドを使うかっていう話については、ノーじゃないですかね。

井上 そうすると、各国のドメスティック企業が何を使うか。まあ、それは何らかの意味でのメガ・クラウドに乗るかもしれない。

神林 そうですね。

井上 で、そうなるべきで、他の国はどうなるかですよね。他の国の何か数字があれば見てみたいですね。もし、ふつうにどんどん乗せてるのだとしたら、多少いい加減なサポートであっても思い切って乗っているのかも

しれない。

神林 他に手段がなくなればそうなるでしょうね。まあ、リテールのほうを半導体業界が見なくなるという形になると、サーバーのコストは上がると思うんですよね。そうするとデータセンターよりはクラウドを使ったほうが圧倒的に安くなるっていうことはあるんで、その差はでかいと思いますね。ITに対する投資能力の差がすごく出るのかなと思っていて。データセンターで買う場合と、ハードウェアひとつ買う場合の単価がもう全然、話にならないくらい違うんですよね。

井上 中規模以下は、自前で持っているのがばかばかしくなる臨界点がありますよね。

神林 ただ、クラウドをやるよりも、自社でデータセンターを構えたほうが安いんだと思います。それくらいの差にはなっていると思いますよ。

井上 まあ、会社規模によりますけど。あと人件費の問題もありますよね。

神林 人件費の問題は……言われているほどでかいのかっていう気はしているんですよね。オペレーションの仕方の問題で、とっとと人員削減すればいいんじゃないのって話なんですよ。ある程度自動化をちゃんとやって、できるような形でやっていけば、相当人は減らせるはずなんですよね。オンプレであっても。それやっているの? って。まあ、そこの無駄な人件費をどう見ているか。雇用が発生してますよっていうことであれば、しょうがないんでしょうけど、別のところで雇用を発生させたほうがいいんじゃないのと。そこまでちゃんと割引いてやっていけば、十分、オンプレでもある程度規模がいけばやっていけると思うんですよね。

井上 まあ、規模によりますけど、結構多くの部分はハードウェア自体のバージョンアップとか借り換えとか含めていくと、それなりに人手がかかってくるかなと。

神林 まあ、それはどうするかだと思いますよ。共同成果的にある程度、コミュニティクラウドみたいなものを作ってしまうのであれば、全然動く……。

井上 それはパブリッククラウドとはまた違うんですか?

神林 違いますね。たとえば銀行さんとかね。自社でデータセンターを持って、かなりグローバルに構えて、ラック単位で買ったり売ったりするということができて、オペレーションはその単位でやればいいので。それが

できてしまえば、十分、何ていうか、競争的なコストでITを使えるんじゃないかなって思っております。そういう風になりつつあるんじゃないかなと思うんですよね。

井上 それもひとつの選択肢な気もする一方で、どこまでそこに投資するかですよね。

神林 そうだと思いますね。

CHAPTER

8

思ったより普及していなかった
クラウドはどこへ向かうのか

クラウドもオンプレ並みに、普通に監査しましょう的な流れに

編集部 クラウドが伸び悩んでるという認識は業界の中では共有されているのですか。

神林 IT業界っておもしろくってですね、自分がそう思ってても言えないのがあってですね、ビットコインと同じですけど（笑）、ちょっと言っちゃった以上、なんかお金も動いちゃってるし、何か俺アンチとか言えないよねってなってくると、クラウド万歳の人は、クラウド伸びてますからって言い放ちますよね。だから、伸びているんじゃないですかね、そういう人にとっては。お前の中では、みたいな（笑）。

編集部 何か定着してきたように見えますけども。

井上 まあ5年前に比べて、セキュリティに心配していたときに比べるとそこは減っている印象はありますけどね。

神林 セキュリティ云々は、課題は上がってくると思いますよ。引く人が増えると思いますね。

井上 引く人というのは？

神林 たぶんSOC1だけではダメになる。SOC2じゃないとダメになったんですよ。これは解釈が分かれるところですけど、要するに今までのクラウドって割とアバウトなところに置かれていたのは間違いないんですよ。何かよくわからんと。まあ、よしなにやってくれという話で、たぶん監査とか、コンプライアンスとかは微妙にすり抜けられていたというのはあるんですけど、いや普通に使うよね？ という話になってくると、普通に監査しようぜっていう話になる。要するに今までは向こうが監査したからOKだからそれを通すっていう話だったんだけど、これからはたぶんそうじゃなくて、いやいや内部統制どうやってるの？ ちゃんと話せ、聞け、ということころまで、「普通にやろうぜ」ということになっている。要するに普通に使うんだよね？ っていう話。普通にやろうねっていうのは、オンプレと区別しないっていうこと。オンプレで監査やってるよね、何でやらないのクラウドで？ って言われたときにクラウドは反論できないんですよ。

井上 クラウドっていうのはIaaS側の話ですか？

神林 ええ、そうです。だから、じゃあ、ハードウェアがどこにあってどういう構成になってて、どうネットワークがあって、セキュリティどうなってて、それどうなっているのっていうのはちゃんとチェックしているの？ と。クラウドでね。これはクラウドベンダーは絶対に答えられないですよ。

井上 そこを強化したがっているのって誰なんですか？ ユーザー企業なんですか？

神林 いやいやいや、あの、全然知らない人たち（笑）。

編集部 全然知らない人たちって。

神林 具体的に監査やるとかコンプライアンスとか、あ、僕もともとそこにいたんですけど、まあ、やるだろうなと思います。そうだよねと。言われたら反論しようがないので、ちょっと困った状態に、だんだんなると思います。で、今までは要するに、利用する話でしかないので、それって関係ないよねということで、ちょっと逃げてたんですけど、いやいや業務データ置くんでしょ、と。で、たぶん日本の場合きっかけは、間違いなく個人情報保護法改正なんですよ。あれで、ある程度自己責任でいろいろちゃんとやれみたいな話になってくるので、……あんまり良くなかったんですけど、用途が、広がるわけですよ。政府のほうはやっぱりもっと使いましょうみたいなところに倒しているので。その代わりきっちりやれという風になってくるので。じゃあ、個人情報をクラウドに置くよ、と。わかったわかった。じゃあ、オンプレとどう違うのかちゃんと説明して、オンプレなりのコンプライアンスを少なくとも満たさないと、いや、だって困るでしょ？ エンドユーザーのお客さんから見たら、非常にあたり前のことを、非常にあたり前に要求されて……。

井上 AWSってSOC1とってなかったですっけ？

神林 とってますけど、対応は個別にやらないといけなくなるんじゃないかな？

井上 今は、AWSの上に載っているサービスでSOC1とSOC2、両方とっているのがありますけど。

神林 SOC2ていちいち話しないといけないんじゃないですか？

井上 あー、使っているエンドユーザーが……？

神林 AWSの監査人と。

井上 んー。監査レポートは受け取っていますよ。

神林 AWSの監査人から、どういう手続きがあって、こうやってこうやってっていうのをこっち側の監査法人がちゃんと個別に受け取らないといけないでしょうね。今までって、単純にAWSが出しているレポートのコピーを

監査人に渡すっていうのが。

井上 我々がそれを受け取って、ということで通ってますよね。

神林 そうすると、そうではなくて、直接、御社を見ている監査法人がグローバルにAmazonの監査法人と話をして、どういうプロシージャ、どんな風にやっているの？っていう話をやるから、金をくれという話になるはずです。実際そういうパッケージを売ってますよ、監査法人さん。最低価格ウンビャク万円くらいだったと思いますけど。

井上 そのモチベーションは監査法人がお金儲けしたいから？

神林 うーんとね、それを言うと僕は抹殺されるんですけど(笑)。某社さんとかパッケージにして売ってますよね。あれ、たぶん一千万とかそんな値段ですよ。クラウドを基幹で使うのに、追加で一千万のコスト払うのか、監査に？ お前らちょっと来い、っていう話になるじゃないですか(笑)。

井上 そういう動きがあると、今、普通のオンプレでSOC1、SOC2をとっててもいい加減なところあるじゃないですか。形式だけの。それに比べると、メガ・クラウドはまあまあちゃんとしている気がしていて。そこに対してさらに形式的にお金とるのが増えるのはあまりいい感じはしないですよね。

神林 でもまあ、そうなってしまいますよね。そこが、セキュリティっていう意味だと、セキュリティの問題よりも、当然の前提の話に戻ってきているので、セキュリティはクリアしたけど、どうやって運用しているんだっけ？っていうのがあたり前に言われるようになってきたと。

井上 神林さんの当たる予測で言うと(笑)、今クラウドが5年前に比べるとエンドユーザーのセキュリティ懸念は低減していますが、また揺り戻しが来ると。

神林 まあ、そういう意味だと、要するにですね、クラウドを使うことに関して今まで以上にめんどうくさくなってくるのは間違いないんです。今までは、使いやすさ、すぐ使える、いろいろ障害がするっといけましたよというのがメリットのひとつ、要するにスピードですよねっていうのがクラウドを使うメリットのひとつだった。でもそれがだんだん遅くなります。まあ、冷静に考えればクラウドが普及すれば「利用するためのスピード」が遅くなるだろうっ

て考えられたんですけど、そういう風に考えてなかったですよね。だからそれが今頃になって顕在化しているよねというのがあって。だから、言われているほど普及していない理由のひとつは、やっぱり言われているほど簡単な話じゃなかったということかなと思っておりますね、今。

いったん信用してみる

井上 セキュリティの話は、さっきの複雑さに関係するかもしれないんですけど、どこかから先はもしかしたら、信頼するというか、信用するしかないモデルがあるかもしれない。

神林 その信用するっていうのは、どこまで信用しないかっていう定義のひっくり返しなので、ここからここまでは信用できるよ、ここからここまでは信用できないよっていうのを自分で管理するってことだと思うんですよね。

井上 で、すべてを全部知ろうとしていくとコストがどんどん跳ね上がりますよね。それをユーザー企業が望んでいるのか。

神林 あと、その線引きが依然よりは少し太い線になりつつあるというか、線を引かれつつあるので、今までだと割とごまかせたところがごまかしにくくなったっていうのがあって、そうするとコストというのはある程度かかるねと。そこまでは。という風になってきてるんだろうなと。それはそれで健全だなとは思うんですよ。

井上 健全だけど終わりがないですね。

神林 だからそこがクラウドのひとつの限界なんじゃないかな。それだったら、自分でデータセンター作ったほうがいいんじゃない？ みたいな話も出てくるかもしれない。

井上 それだって信用できるかって言われると、ソフトもハードも飛んでるネットワークだって全部疑っていくのかっていう話ですよね。

神林 たぶんいったんは全部疑うんじゃないですかね。そこからスタートだと思いますよ。ここまでは疑わないとか。どこかで線を引かないといけないはずなんですけど、そこらへんの基準がやはり、これからは変わるんだろうなと。普及すればするほどですね。今までと同じよ

うにはいかないかな。ワークスさん的にはどんな風に考えていますか？

井上 セキュリティに関しては、疑いだすときりがないので、メガ・クラウドはいったん信頼している（笑）。

神林 なるほど。でもその線って社会的に聞かれますよ。

井上 うん。

神林 そのときにどう対応されます？っていうのは絶対に何か決断をしなければならない。

井上 うーん。

神林 とりあえずメガ・クラウドだから信頼していますっていうのは絶対通用しないですよ。特に御社の場合は。

井上 そうですね。法的に何らかのものがあったり、ユーザー企業が求めていれば、やらざるをえないですね。

神林 非常にめんどうくさいですけど、それどうします？っていうのは、まあ、意地悪ではなくて。今までは、たぶんあんまり考える必要がなかったんだと思うんですよ。ただ、この先って、そういう話にはならないと思うので、特に人事給与なんて始めるとそれは大事になってきますので、そこをどうするかっていうのは考えないといけない時期にさしかかる気がします。メガ・クラウドをやるのであれば、それはそれでコスト的にメリットがある話ですけど、いい話ばかりだけではないので、そこをどういう風にAmazonとカタをつけるかっていうところはちゃんとやっておいたほうがいいんですけれども、正直怖いのは、ワークスさんレベルですら、Amazonからすると相手にされるかどうかっていうのはあってですね、ちょっとそこらへんは心配ですね。個人的には応援しているんですよ。Cassandra何とかなりそうじゃないですか。あれはすごいと思います。だからそこはうまくやってほしいですよね。聞かれますよ。これクラウド全然関係ないですけど、いろいろなところで。なぜ俺に聞くの？って思いますけど（笑）。いや神林さんに聞くのが一番確実だからとか言って。や、いくと思いますという話をしています。いく理由ははっきりしていてCassandraのいいところと悪いところがはっきりわかっていて、いいところだけ使う、悪いところは自分で作るっていうスタンスがはっきりしているので、そこについてはうまくいくと思います。

自分がやれって言われてもたぶん同じやり方をすると思うので、そういう意味では正解を踏んでいるので、ただ、いろいろなことがあるのでそのままストレートにいくかどうかっていうのは難しいでしょう。ただ、可能性はすごく高いと思いますよ。という回答をしています。

井上 ありがとうございます（笑）。

神林 たぶんそういう回答をしているのは僕だけだと思いますよ（笑）。

井上 他に誰に聞かれているんですか？

神林 ワークスを今までをアプリでっていうか、売ってたSIerから聞かれますねえ。

井上 SIerはそんな知らないんじゃないですか？

神林 やー、だって牧野さん、あんな発表してねえ、特にSIerの営業系ですか。ひっくり返ってますよ。どういうつもり？みたいな。

井上 でもそのへん、分散システムとかあんまり詳しくないでしょ。

神林 いやーそうでもないですよ。やっぱり耳ざとい営業の人は強いですよ。バカではないです。で、どっから聞いたらいいのかよくわからんから、というところで聞かれることはありますね。

井上 ワークスは聞かれないですけどね（笑）。

神林 聞いてもほんとのことを言うなんて思ってないですよ（笑）。そんなバカじゃないですよ。そういう意味だと、メガ・クラウドっていうことにどう対応していくのかっていうのは、御社だけじゃなくて、クラウドで業務系をやることになるんであれば、やっぱり考えていかなくてはいけないひとつのハードルだと思いますね。

井上 それは間違いないですね。

編集部 クラウドでセキュリティって言ったときは、具体的には情報が洩れる、消える、みたいなことに対して従来より不安ということなんですか？

井上 従来より技術的にリスクが上がっているわけではないですよ。

編集部 クラウドのほうがむしろ安全じゃないかっていう意見もありますよね。

井上 そうそうそう。客観的に見ると、自社であまり技術のない人が何とか運用しているよりははるかにセキュア。ただ、結局セキュリティって証明しようがないというか、証明するためにはここまでやってまっせっていうのを

ひたすら積み上げるしかなくて、それはもうコストが極論を言えば無限大。

神林 内部犯行と外部からのクラッキングは全然違うので、外部からのクラッキングはクラウドのほうが鉄壁でしょうね。場数踏んでるし。普通にサーバーを立てるほうがよっぽど危ないと思いますね。内部については、内部犯行については、ユーザー企業内とクラウドとそんなに違うかって言うとあんまり変わらないだろうなと。

井上 そうでしょうね。人の問題ですからね。

神林 そういう意味だとクラウドのセキュリティレベルはクラッキングについては絶対に高いです。そこは確実に。ただ、人間様が内部でやる犯行では両方とも多いですよね。で、たいていの場合はそこですよね。

井上 一万人が善人でも一人悪人が混じっていたらアウトですからね。

神林 そういう意味だとセキュリティ云々については言ってもしょうがないでしょう。じゃオンプレをクラウドに持って行ったからってそんなに内部の人間の質が変わるかって言ったらそんなことない。そうするとクラウドっていっても、データセンターの話になってしまうんですよね。

編集部 セキュリティというより、越境データ問題とかのほうが課題としてはありますかね。

神林 セーフハーバーの形式にするかどうかっていうのは、ヨーロッパのスタイルとアメリカのスタイルは違うので、日本はどっちにするかっていうと、右行ったり左行ったりしていたわけじゃないですか。はっきりしないので、そこらへんが最後に響くんじゃないですかね。あれなんかもう議論がごちゃごちゃになっちゃってて、一般の民間人はまったくわからない。それで専門家が言いたい放題言っているように見えますよ。

編集部 いやはや……。

日本企業が本気でやれば
クラウドビジネスはできるか?

編集部 クラウドは他には論点はありますか。データセンターについては、ブログを書いていらしてましたよね。

神林 そうですね。データセンターのビジネスっていうのは、やっぱりおもしろいんじゃないですかね。難しいんですけど、見ていて、だいぶ日本の場合は淘汰されてきている。一時、すごくたくさん出てきたじゃないですか。絶対に回ってないところがたくさん出てるんで。で、今すごい勢いで売り買いが始まっているんですよ、実は。売り案件で出て、買いたいところも出てきて。買うの必死で探しているところもあって、実際そういう事例も起きてますし。結局ですね、データセンターとネットワークの回線で、ITはでき上がっているところがあるので、そこが今後どんな風になっていくかっていうのは結構おもしろいなとは思っています。クラウドっていうのはあくまでもソフトウェアの上しか見えないので、その下のデータセンターと線とかどうなのかと。ネットワークの線ということで言えば、物理的に誰がどういう動き方をしてどんな風にするかっていうのは、本当はもっと注目すべきところなんですよね。特にクラウドだ云々という話であれば。そこがあんまり表に出ている気がしなくて。

井上 そこも含めての規模の経済ですよね。クラウドがコスト的にいいとしたら。

神林 で、別に、Amazonで回線を握っているのかっていう話があって。Googleはわかるんですよ。死ぬほどダークを買いまくっているっていうのはたぶんそうだと思うんで。ただ、それってスケールメリット出るんですか? 最終的に? っていうのがあって。

井上 最終的にはGoogleのほうがその点で先行投資してるのかと。

神林 たとえば国内だけでやるんだったら線で持ってるの、全部、日本の3社か4社くらいでしょ。そこがきっちりクラウド的なものをやるんだったら、それは十分台頭できるんじゃないかと思うんですけどね。

井上 NTTがやってますけどね。

神林 ああ、コム? あれ、なんでダメだったんでしょうね。何か高いんだよね(笑)。

井上 やっぱり高いですよね(笑)。

神林 難しいなー、みたいな(笑)。

井上 日本のクラウドが高いのはやっぱり人件費なんですかね。

神林 まあ、そこについてはそうでしょうね。人件費だろうなあ。

井上 あともしかしたら、過剰品質もあるのかもしれな

いですね。

神林 過剰品質もあるんだけど……意思決定が遅いかもしれないですね。人をどうするとか投資をどうするとかどういう風に手を打っていくかってことが遅いんじゃないかな。結果としてコストをとにかく回収しなさいみたいな話にしか落とせなくなっちゃうんで。

井上 そのへんの覚悟がないのかもしれないですね。日本は。

神林 そうですね。あの、これ想像ですけど、今、NTTコムが全サーバー捨てて、サーバーを全部新しくして、人も、オペレーション全部変えて、10分の1くらいで回るようにして、残りをパージしてリストラしたとしたらすごく儲かると思いますよ。Amazonに対抗できると思いますよ。だけど、できないでしょ？ そういう意思決定が。NTTは。だからダメなんですよ、たぶん。Amazonはそれができてしまうので。その差です。

井上 うんうん。そうですね。それはたぶん、日本の会社とアメリカの会社の差ですかね。

神林 そうですね。だから老害なんですよね。そういう意思決定ができないというところが最終的に……。

編集部 いつもの感じでいくと、時間的にそろそろ老害の話題に移る頃合いですね……。

井上 でも、意思決定して首切ったらみんな怒るんでしょっていうのはありませんか？

神林 首切られたら他の仕事やればいいじゃない、そんなのたくさんあると思うんだけどなあ。

井上 まあ、それができないから追い出し部屋とかがあったんですよね。でもあれをやると批判される。

神林 リプレイスメントがうまくいってないんでしょうね。日本の労働市場って。すぐアウトプレイスメントみたいなネガティブな言い方になっちゃうし。

編集部 追い出し部屋でねちねちとかしないで、普通に解雇できないんですか？

神林 できるできる。

井上 いや、できるというか、いろいろと……。

神林 言ってるほど日本は解雇制限がないって言われているんですよ。

井上 そんなことなくないですか？

神林 そんなことなくなくないですよ、ちゃんとリサーチありますよ。日本のほうがいい。ただ、切らない。それ

は法律上の問題じゃなくて、道義的な話から始まって……。いろいろそういうのがあって、なるべくするなっていうことで、言われてるほど首切りはやらないです。

井上 叩かれますよね。

神林 まあそれもあるし、そんなに経営者が首を切りたがらないっていう経営風土があるみたいですよ。まあ、それは雇用は維持されるけど……雇用が維持されても意思決定が速ければいいんだけどな……。

編集部 年寄りだから意思決定ができない、判断力が鈍る、みたいな話を前回していましたけど。

井上 僕はそんなことはないと思いますよ。個人の資質の問題であって。

編集部 意思決定ができるから経営者になったわけで……。

神林 違いますね。

井上 サラリーマン社長と創業社長では違いますよね。

神林 意思決定できなくても社長になる人はたくさんいますね。東芝を見ればわかるじゃないですか、そんなの。どんな意思決定しているんだっていう意思決定ですよね。逆に言うと今、ちゃんと意思決定できる人のほうが少ないんじゃないかな。でかい企業になればなるほど、社長なんてお飾りですよ。よっぽど別格を除いてですね。やろうと思っても何にも決められなくなりますよ。現場の抵抗がすごいし、積み上げてきているものがあるし、組織自体が別ものになってしまうので、個人がどうこうできるものではないと思いますよ。経営陣含めて、若手とか、むしろ経営とか何もわかってない連中に任せないと動かないですね。年寄りになればなるほど物理的はパワーは減るので。物理的なパワーが減るということは意思決定が絶対弱くなるんですよ。

井上 また前回の話に……（笑）。

編集部 体力が落ちたら全部ダメだみたいな話に……。

神林 いや、そうだと思いますね。はい。そうだと思います。

井上 でも牧野さんとかがんばってますよ。まだ50代ですけど。でも体力よりも、十分にお金があったら何とかなるんじゃないですか。要は資産が少なかったら守らなきゃいけないじゃないですか。

神林 それはあるかもしれませんよね。その話もしまし

たよね。社長の給料を上げるという話。それはおおいに賛成なんですが……。たとえばクラウドにしたって、移行したほうが絶対にリーズナブルじゃないですか。オンプレのほうが重たくてぶっ壊れるし、セキュリティもクラウドのほうが高いし、そりゃあ抵抗はあると思いますよ、移行のコストだとかコンプライアンスがどうだとか、でもまあトータルで見たら間違いなくクラウドに行ったほうが安いよね、最終的には会社にとってはベネフィットでかいよねってわかるもんなんですよ。SIerがグジャグジャ言うなら調整すればいいし、やるべきなんですけど何でやらないんですかね？ ユーザー企業はバカなんですかね？ それは単純に年齢がいってるだけじゃないですか？ っていうのが僕の仮説で（笑）、動きが鈍くなっている。意思決定も含めて、組織的に。僕、そんなにみんながバカだとは思ってないですよ。

井上 現状維持のほうが人間は楽なんじゃないですかっていうのがまず前提としてあって……。

神林 年齢別に見たら年食ってるほど現状維持への無意識の欲求が強くなるはずです。何でかというと、体力がないから。

編集部 そこ揺るぎませんね。

神林 圧倒的にエネルギー効率いいじゃん、みたいな。違います？

井上 いえ、それは正しいと思います。

神林 そうすると、歳をとって体力がない人は前に進めない。現状維持力が強い。どうですか？

井上 それもそうなんですけど、若くて……という人も結構現状維持をしたがる人がいるんじゃないかなと。

神林 そういう若者は体力がないんじゃないですかね。違いますか。

編集部 あくまで体力なんですね……。

井上 まあ、体を鍛えるのは大事ですよね。そこで転職しづらいっていうのもあるんじゃないですかね。ITはそうじゃないのかな……。

神林 どうなんですかね、転職は。しやすくなっているような気もするんですけど。

今、日本に優秀なエンジニアが食っていける席はいくつあるのか？

井上 もっと思い切ってやればいいんですけどね。たぶんIT業界の技術系だったら、まあまあ力があれば転職は容易だと思うんですよね。だから本当はもっと思い切って会社に言いたい放題言ってもいいところが言えてない人もいるかなと。でもそれは、自分を振り返ってみると、自分が20代〜30代のころに自分の価値をそこまでわかってなかったかもしれない。

編集部 なんと。

井上 今となってみると、自分、結構強かったというか（笑）。

神林 井上さんはそうだと思いますよ、別格でしょう。

井上 20代の頃の自分を今、見たら……。

編集部 「すごいじゃん、こいつ！」（笑）。

井上 どこにも行けるじゃん！ って（笑）。もっと好き放題言えたかなみたいな。当時はまだそこまで見えていなかった。

神林 でも30代でこいつは本当にどこの企業もほしがるだろうなって人が、全然どこにも動く気がなかったりする。

井上 そうそう。たぶん、それ。

神林 話したことあるもん。あなた、年収倍になるよって。紹介してやろうかって。

井上 まあ、自分の価値をわかっている人もいるし、わかってない人もいる気はしていて、ただ、それの目を覚まさせ過ぎると給料がどんどん高騰していくという、経営陣にはうれしくない状態になるかもしれない。

神林 それが正しいんじゃないかなあ。

井上 正しいのかもしれませんね。

編集部 どうしたら30代くらいの優秀な人が自覚できるように？

井上 昔よりは転職サイトも多いし、自分の価値はわかりやすくなってる気はしますけど……。

神林 転職サイトじゃないでしょうねえ、やっぱり……。

編集部 リアルな人脈ですかね？

井上 それは重要だと思いますね。外にいて、いつでも来ていいよって言われている状態だと、今いる会社でも自由に振る舞えるじゃないですか。そういう状態にな

るといいかなと。

神林 あとやっぱりソフトウェア産業自体をもう少し大きくしていかないとやっぱり全体的な底上げにはならないだろうなと思いますね。確かに優秀な人はいるかもしれないけど、じゃあ、その優秀な人が食えるかっていうと食えないですからね。やっぱりSIになっちゃいますからね。行くところは。正直、ミドルで食えるところってほとんどないですよ。日本で。

井上 うーん。

神林 いいところ。500人くらいじゃないですか。トップのエンジニアが年収1千万以上で、30代で、ミドルで食えるっていうところは、たぶん、1千ないですよ、席の数が。いいとこ500くらいしかシートがないと思う。

編集部 食える、の基準は1千万なんですか。

神林 たとえば、の話ね。ミドルウェアで、30代で、年収1千万以上というのがずっと維持できるシート。「今年はボーナスいいよ〜!」とかは別ですよ。安定して1千万以上。そういうのって500席ないですよ。アメリカだと下手すると3000とか4000はあるんじゃないですかね。席自体は。1万あるかもしれない。20倍くらいはあるかもしれない。だから結局業務アプリケーションのアプリだけ書くんだったらバカでも書けるんですよっていう話になるんですよ。僕からすると。めんどうくさいのは例外処理とエラートラップなんですけど、そこもがんばれという話で、10年くらい経験を積めば書けるようになるんですけど、ミドルは別格で、それができても書けないんですよ。もうほとんどできない。非常に優秀な人間とそうでない人間の差についてはミドルに関しては生産性が100倍を超えます。だってできないんだもん。ゼロなんだもん分母が。100倍とか1000倍を超えますよ。で、それぐらい優秀な人間が食えるかって言うと、これが食えないんだな。そのへんをクリアにしないとちょっと先がないですよ、日本のソフトウェア産業は。無理。そこがたぶん問題で。何かプログラマー増やしましょうみたいな話をしているじゃないですか。もう全然的外れで。何を言っているんだと。

井上 業務アプリ系のことじゃないですか。

神林 いや、そんなのはむしろ余っているくらいで、そんなExcel書いている人たちだけで書けばいいわけで、ちょこちょこ、コードをね、で、書けるんだからそれでがん

ばれよって話。組織のあり方の問題なので。プログラマーを増やしたところで腕のいいプログラマーがきっちり食える環境があるかっていうことですよ。で、ないんですよ。そっちのほうが問題だと思います。

井上 それはそうですね、確かに。

神林 ワークスさんだってがんばって集めたって、シートの数から言ったら、いいとこ20ないでしょう?

井上 もうちょっとあるかもしれないですね。

神林 それはもう特殊、本当に例外だと思いますね。

井上 でもその席が10年後ずっとあり続けるかどうかというとわからないですね。

神林 じゃあたとえば、セゾン情報さんとかあるかっていうとたぶん10あるかないかっていうくらいですよ。その規模でね。ベンチャーになったら1席あるかないかですよ。まあ、たぶんないですよ。下手すると。あとはNTTにあるかとか、KDDIにあるかどうか……。もう研究所になっちゃうんですよね。研究所になると意味が変わってきちゃうので。ラボはいますよ、そりゃたくさん。でもそれって違うだろっていう話で。

井上 そうですね。

編集部 ワークスさんはすごいんですね。

井上 まあ、一時的に席があっても継続性のところは誰もわからないし……。

神林 まあでもワークスがんばるしかないですね。これで席減らしたら大問題ですよ。僕ブログ書いちゃいますよ。ワークス結局ダメか、みたいな(笑)。

井上 (笑)。

神林 どうやって維持していくかっていうのを、ここ2〜3年は大丈夫だと思いますけど、どうするかっていうのは、高い技術でとったはいいけどその先どうするのかっていうのは絶対に出ますからね。

井上 ……。

神林 考えないと!井上さんが考えないと!

井上 いやいやいやいや(笑)。

神林 いやいやいやいやじゃなくて(笑)。

井上 ええ、まあ、ワークスでも牧野さんが言ってますけど、ワークスの挑戦が失敗したら、日本の会社でここまでやるのはもうないだろうと、それくらいに今、人を集めてる。ノーチラスは人はそんなに増やしてないんですか?

神林　ええ。全然。でもいっぱいになっちゃった。20人。

井上　まあ、人を増やすことに関しては、僕も大丈夫かなと思うことは時々あるんですけど、牧野さん曰く、それ自体が日本人の小さい心というか、数千人の規模でも倍倍に行くのがグローバルのトップベンダーだと。Googleとかも、数千人というときに、倍倍になっていって、そのスピード感を日本人は知らな過ぎると。そこで、速く走っていることを恐れるのは、自分の心がまだ弱いんだな、と(笑)。

神林　倍にはなんないですよねー。

井上　まあ、いいんじゃないですか。トップがアクセルを踏んでいる限りは周りがブレーキをかける必要はないですよね。

Azure や Google の話なども少し

編集部　今日はこれくらいで大丈夫ですか。何か言い忘れたことはないですか。クラウド。

井上　AWSの話ばかりでしたね。他の、Azureとか。

神林　Azure悪くないですよっていう話は入れておかないと。何かね、悪くないんだこれが。Azureはやっとまともに試されるステージに来たっていう感じです。感覚的に言うと2年前のAmazonかな。逆に言うと、ここ1年で2年前のAmazonくらいまでに迫った感がありますよね。

井上　Azureはうちもようやく使い始めていますね。

神林　まともに使えるようになったのって、たぶん1年位前ですけど、ジャンプはすごくて、Amazonに比べたらまだまだだと思いますけど、その迫るスピード感は大したものだと思います。

井上　ソフトウェアの自力っていうことで言うと、Microsoftはやっぱり力ありますよね。

神林　いやあ、強い強い。あれは大したもんだ。さすがにすごい。あれは感心する。品質とか安定性とかまだまだだと思いますけど、やっぱり、おもしろいですね。ソフトウェアカンパニーの中ではMicrosoftが今いちばんおもしろいと思います。

井上　Googleはどうですか。Googleは先ほど、継続性の心配をしていましたけど。

神林　Googleは、あのー、何をしたいのかがわからないですね。何をしたいのかがわからない。要はやりたいことって結局、ある程度いろいろなことを先読みして、みんながハッピーになるような世界を作りたいんだみたいな話なんでしょっていうのはわかるんですけど、それにしてはやっていることのちぐはぐ感がすごいし、やっぱり自分中心に考えてしまっているので、お客とかを考えたときにどう接していいかっていうことについてのポリシーがないですよね。どんな風に自分のお客さんと付き合うか。結局、広告で始まってしまっているので、そことは話はできると思うんですけど、エンドユーザーに直接物を売ってお金を取っているという経験が圧倒的に少ないと思うんですね、Amazonに比べて。

井上　まあ、そうですね。

神林　だからそこをどうしたらいいかっていうところが、たぶんわからない。わからないまま大人になったので、プライバシーの情報は全部もらいますよとか普通に言ってみたりとか。そうすることで、相手のことがわかる!って勘違いしているんですよね、会社として、いろいろデタラメ感もあって、たとえば、TensorFlowを出したじゃないですか、オープンソースで。あれ、完全にHadoopみたいな流れが怖かったんですよ。GoogleはHadoopで完全に乗り遅れたんで。あんなもん使ってないよMapReduceなんて知るかって言ってたら、Hadoopコミュニティってガーっとでかくなったじゃないですか。でもGoogleの席ひとつもないですから。あんなにでかいGoogleですら。まったくない、スペースが。……というのが怖くなったのでオープンソースやってみようかな、って。

井上　だいぶ批判的ですね(笑)。

神林　いや、実際そうですよ。Hadoopコミュニティに完全に乗り遅れたんですよ。そういう反省があるので、ディープラーニングではOSSみたいな形で行こう、と。で、やってみましたと。でも最初に出したときは、分散環境はサポート出さないとか、なにその中途半端なやり方。だからもう、接し方がわかってないとしか思えないのよね。外部に対するコミュニケーション能力が極端に低いです、あの会社は。だからパンとやめてしまったりとか、あれがこれやめてもいいよね、とか。ちょっとは

ユーザーと会話しろよ、してないじゃん、と。コミュ力がすごく低いんですよね、Googleって。

井上 ……親近感がわくじゃないですか（笑）。

神林 その割には態度だけは大人なので、そういう意味でいうとGoogleのクラウドって、enfant terribleですよね。わからん。何を始めるのかがわからない。

井上 実は最近、Googleの人と話すことが多くて。彼ら曰く、他のサービス、継続性が心配と言われているけど、Googleのクラウドは彼ら自身が使っているので継続はちゃんとしていますよという言い方をしていますけどね。

神林 彼ら自身が使っているということはどうしてわかるの、みたいなですね。

井上 そこまで疑いますか（笑）。

神林 当然ですよ。だって使えないじゃない。他にあれ、F1とか。あれって広告に作ってるんじゃん。あなたがたが書いた論文にあれRDBだって主張しているけどあんなRDBだっていう人ただの一人もいないですよと。自分の書いた論文をもう一回読んでから言ってこいっていう話。まぁ、今じゃ別物になっているとは思いますけど。

井上 F1は乗ってるかな。BigTableですね、基本的には。

神林 F1は乗ってますよあれ。乗ってないんだったら、自分で使ってません、間違いありません。

井上 BigTableで使ってるじゃないですか。

神林 F1、BigTableの上で走ってないでしょう？

井上 F1とは別。

神林 でもF1でやってませんか。ベース。

井上 それはアド系ですよね。

神林 アド系メインですよね。

井上 GMailとかGoogle Appsとか。

神林 あ、そっち？ それはBigTableかもしれないけど。メインはアドじゃないですか。

井上 何をメインとするかっていうのは……。

神林 彼らの事業収入の大半はどこから来ているのっていう。事業収入の大半で使ってない基盤を自分で使っているから大丈夫って他人に言うのとか、おかしくないですか？

井上 うーん。

神林 まあ、それを言ったらね、Amazonも微妙らしいんですけどね、実態は。

編集部 そろそろまとめますと、Amazonは技術的にはすごいけどサポートがダメであると。Microsoftは2年前のAmazonくらいだが追い上げっぷりがすごいと。Googleはコミュニケーション能力が低い。

神林 そのまとめ方のざっくり感すごいっすね。まあ、やっぱりその、クラウドってサービスじゃないですか。そうすると、外部に対するコミュニケーション能力が会社として組織としてどれだけ高いかってすごく大事なんですよ。で、一番高いのがMicrosoftです。やっぱり伊達ではないです。Windowsを売っていて、サポートを売っていて、いろんなソフトを売ってきた。そのコミュニケーション能力が組織として備わっている。それがやっぱり追いつく要因ですよね。まぁ、あといろいろ話したいこともあるけど、これまた、会社が言うなって言うので、ノーコメントね（笑）。

編集部 今のが総括ですかね。

井上 他は……。

神林 他ってどこ（笑）？

井上 IBMのSoftLayerとか……。

神林 SoftLayerは微妙に能力高いはずなんだよ。本当は。でもわかんないんだよね。SoftLayer自体はばかっと買ったんですよね。IBMが。割と独立自営のみでやらせているっていう話もあって、そのへんがちょっと見えづらい。

井上 でも何かまあ、やっぱり売り方が下手ですよね。

神林 ものは悪くないはずなんですよね。

井上 SoftLayerを買ってSoftLayer売りにしているかなと思ったら上のBluemix売りにしてっていう……。

神林 そうそうそう。あれどうなのよと。

編集部 ではクラウドについてはこれくらいで。次回はエンジニアのキャリアなどについてお話をしていただく予定です。

CHAPTER
9

エンジニアのキャリアとか、
生き方とか

ユーザーサイドのエンジニアが
生き残るためには

編集部 今回は、エンジニアのキャリアとか、そういう話を。ご自身のエンジニアとしての経験っていうのもあるでしょうし、あとは二人とも率いていく立場として考えていることっていうのもあると思うので、その2つの側面からキャリアについて語っていただければと思っています。

神林 そういう側面とは別の2つの見方があって。井上さんのほうはどっちかって言うと、作る側のエンジニア。ベンダーサイド。僕のほうはエンジニアっていってもどちらかと言うとユーザーサイド。ユーザーサイドのエンジニアのキャリアっていうのはすごく今、問題ですね。両方語れるんですけど、僕のキャリアとして長いのは、あ、そうか、もうそろそろベンダーと同じくらいになっちゃうのか……最初の、初期の頃はユーザーのほうなので。やっぱり、ユーザーサイドのエンジニアのほうが、まあ、恵まれてはいないですよ。

編集部 恵まれていない。

神林 恵まれてはいない。間違いなく。理由は簡単で、ユーザー企業の中ではITの部署っていうのは傍流っていうか間接部門ですよね。その中のキャリアパスって言っても、どうしても会社としては作りづらいというのが実態になりますね。そんな中でどうやって生きていくか。ユーザー企業の中であくまでがんばるっていう場合であれば、方向、考え方としては大きく2通りあるのかな。ひとつはどう出世するか。もうひとつは、出世はもうあきらめるけど、どうやってユーザー企業の中でがんばっていけるか。この2つのオプションがある。出世するんであれば、基本的にはITだけやってたらたぶんダメですよね。だから他の業務系もマスターするとか、営業やるとか、製造系回るとか、あるいは商品部とか、マーチャンダイジングやるとか、そういうところを経験していかないといけないので、これはもうITのエンジニアのキャリアではないですよ。どちらかとユーザー企業のマネジメントになるっていうキャリアになるので、そういう目線でITのエンジニアのキャリアをどう考えるかっていうと、簡単でして、やはりプロジェクトマネジメントなんですよ。この技能だけは、僕もいろいろな部署を回ったんですけども、ITが一番、定式化されています。要はプロ

ジェクトマネジメントという意味で。ITとは別にもうひとつそういったプロジェクトマネジメントに秀出ているところもあって、建築とか開発とか設備って言われるところですね。コンストラクションなんですよね。プラント作るとか、何らかの建物を作るとか、そういう場合もプロジェクトマネジメントになるんですけど、要するにちゃんとWBSを引いて、課題を見ながら進行をみてチェックして……という形のものを作り上げる。建物を作るとかですね。そういうものは同じになります。逆に言うとそれくらいしかなくて、他のところは割とプロジェクトマネジメントっていう意味だと、やるにはやっているけど、あまり定式化はされていない。たとえば商品開発やるって言ったら、当然プロジェクト立ち上げるんですけど、割といい加減です、そこは。

井上 一般的にはソフトウェアはダメなほうという印象もあるのかなと思いますが、そうでもないですか?

神林 えーとね、他と比較すれば全然まともですね。

井上 なるほど。

神林 たとえば、PMBOKみたいなものないですもん。他のたとえば、じゃあ人事系でモチベーション上げるプロジェクトをやりましょうって言ったときにそのやり方って、どうやってマネジメントするのっていうところに教科書はないですよ。そういう意味だとIT側のほうはプロジェクトマネジメントをどうするかということについての、そもそも学問があったりするので、それをちゃんとやっておくのは、他の部署に回ったときのプラスにはなるので、そういう方向に勉強したほうが、エンジニアとしてはユーザー企業の中では潰しがきく。で、そうじゃなくて、マネジメントはあんまりやらずにその中で生きていきたい、っていう話であればですね、もうこれはポジティブな考え方にはならないので、否定はしないけれど……。

生き残ること、楽しむこと

井上 否定はしないけれど……2つありますよね、とりあえず、生き残る。それと、楽しくやる、というか。両方満たせばいいかなと。

神林 生き残るのは簡単で、プロプラを徹底的にマスターするっていうのが一番、確実。

井上　そのときのメジャーなものってことですよね。

神林　メジャーなものっていうか、会社が使っているという意味でメジャーなものって感じですね。企業の中の仕組み、システムを俺が一番よく知っているんだというくらいにやっていくっていうのが一番食いっぱぐれが少ない。それがおもしろいかどうかは別ですけど。

井上　あと、大きな変革があると、そこで乗らないと……。

神林　そうですね、難しいですね。だから、節目節目で、技術が変わったときにどうするかっていうのは考えていかないといけなくて……。ただ、新しいものに乗ればいいっていうわけでもないので、新しいものもそれなりのコストはかかるわけですよ。とはいえ、古いやつにしがみ付いて行けるかっていうと、今はどうなのかな。微妙なんですけどね。しがみ付いて行けちゃう雰囲気もあったりするので、まあいずれにしても難しいですけど。しがみ付いたまんまで楽しいかというと、まあ、おもしろくはないでしょうね。だから生き残るということがそのまま楽しいかっていうことについては、ユーザー企業で出世はしないとあきらめた場合については、まあ、なかなか厳しい。そういう人に一番いいのは転職なんですよね。なるべく他の同業他社を行くとか、他の業界に行くとか、そういう形でユーザー企業の中でいろんなところを見て回るというほうが……。

井上　それは、技術は同じままでってことですか？

神林　新しい技術を習得しながら、ですけどね。そうすると割と重宝される。ユーザー企業にはユーザー企業のやり方やノウハウがあるので、やっぱりそういうのを吸収しながらの転職はありかなという気がしますけどね。

編集部　前々回の記事でユーザー企業は世代交代がうまくいってなくて、今は若い情シスがいなくて、全滅するみたいな話が出ていたかと思うんですが。

神林　いませんね。

編集部　そうすると今の話というのが響く層というのは……。

井上　あんまりいないかもしれないですね（笑）。

神林　おじさんでしょうね。おじさんには響くと思います。おじさんの身の振り方ですね（笑）。

井上　若い人がいなければ、脅かす層もいないので安泰と言えば安泰。生き残るという意味では。

神林　あのー、墓場まで持っていくっていう感じになると思うんですよね。その先は知らん、みたいな。実際、そういう人が多いですよ。多いですね。僕がなかなか衝撃的だったのは、「こういう技術でこうやっていかなきゃいけない」みたいな話をユーザー企業の人と話したことがあるんですけど、「神林さんね、そんな話はいいんだ。僕は一生下を向いて生きていきたいんだ」て言われてですね（笑）、ちょっと絶句しましたけどね。

編集部　ちょっと気持ちわかりますけど（笑）。

神林　どう答えりゃいいんだ、みたいな（笑）。「あっそ」って言うわけにもいかないし、どう言やいいんだっていう感じで参りましたけど。やっぱり多数派とは言わないですけども、確実にいらっしゃるので、それをどうするんだっていう話にはなると思います。

井上　あらゆるシステムが突然新しくなるわけでもないので、お守りする人っていうのも必要なんですよね。だから、結局その人たちの職は一定数残り続ける。そこに人が入ってこなかったら追われることもないので、そこを楽しめる人だったらありかもしれないですよね。

ユーザー企業のエンジニアの末路

編集部　ユーザー企業のエンジニアとベンダー企業のエンジニア、私はエンジニアではないですけれども、もしなるとしたら、あまりユーザー企業のエンジニアになりたいって思わないような気もするんですよね。

井上　ユーザー企業に入って、経営まで視点に入れて、ITを使って会社を良くしていくんだという野望があるなら、ひとつの手ですけどもね。

神林　それはエンジニアリングじゃないですね。エンジニアじゃないです、それは、もう。課長島耕作、みたいな人なので。エンジニアじゃない。

井上　課長島耕作の右腕として生きる、みたいな（笑）。

神林　まあ、そういうのに徹している人もいますけどね。

編集部　でもそれってエンジニアである必要ない気もしますね。ITを駆使して島耕作をサポートするっていうこと？

井上　うん、そこで本当にいい技術を選んで、それが直結して会社がでかくなったら、目利きとしての能力は活

9. エンジニアのキャリアとか、生き方とか　　095

かせるかもしれない。

神林 そうですねえ。難しいですねえ。最終的に手を動かさなくなるので、結局、発注者側になってしまうんですよ。結局自力で全部内製SIってのはできないので。どうしてもやらすとかやらせるとか、金を払ってやっていただく、とか、発注管理みたいになっちゃいますからね。ユーザー企業として。

井上 あと、ユーザー企業でも内部で内製をきちんとやっていこうというポリシーの会社もあるじゃないですか。これも結構時代の流れで、内製にブレたり、やっぱり外に出そうってなったり。だから、ある会社が内製でやっていこうという機運のときに、経営者が、その中心のメンバーに入って作り上げていくのはひとつの……。

神林 それはおもしろいと思いますね。ただ、どのタイミングで引くかは考えないといけないです。ユーザー企業はITの会社ではないので、最終的には切られます。オーバーヘッドがでかくなるのは間違いないんですよね、最終的には。人が増えていくと、どうしても全体の給料の総額が上がってきますので、数字が行かなくなったときにITから切るのは間違いないです。それはそうなんですよ。売り上げに直結しているわけではないので。IT企業は別ですよ。IT的に売っているWeb系みたいな、それはそもそも会社のコンピタンスだと明解だっていうところはそうですけど、たいていの企業、9割がたの企業はそうではないので、そこから削るよねってなりますよね。その、削られたときにどうするのかっていうのはやっぱり考えておかないといけない。

井上 作るところまでいて、このあたりで別の会社に行ってまた作る?

神林 それがベストです。本当にそれが一番いいと思うんですよ。で、会社側からすると、お守りはしてほしいので、どう言い出すかっていうのは簡単で、外販しろって言い出すんですよね。だいたいそうです。社内のお守りしながら、自分の給料は稼げ、みたいな。だから、情シスの子会社が、何か外販を始めたらもうヤバいと思ってもらって良くてですね(笑)。情シスの子会社で外販に成功したってところは、そんなに多くないです。大手まで行ったのは、1社か2社しかないです。オージス総研さんと、Nソルさんだけです。Nソルさんは新日鉄の情シスでそこから外販を始めて今ちゃんとしてい

る。で、オージス総研さんは大阪ガスですよね。だから、その2社だけなんですよ。あとは全滅に近い。何とか生き残ってもM&Aで売却。まあ、社名は出したくないですけどね。僕、流通じゃないですか、流通の情報子会社って結構たくさんあって、もうなくなっちゃったから言いますけど、ナントカ情報システムとかね、有名なのはDで始まるやつで、完全に失敗した。これは最後はめちゃめちゃになった。

井上 え……。どこ?

編集部 どこですか?

神林 まあ、これはいいや、消してください。関係者生きてるから、怒られちゃうから(笑)。まあ、そういうのはたくさんやって、外販はほとんどうまくいかないですね。理由は簡単で、結局ユーザー企業の情報システムって買い叩くほうなんですよ。買うほうなんで、売るほうじゃないですよ。で、人からものを買うっていうときと、人にものを売るっていうときと、売るときのほうが100倍は難しいので、できないんですよ。もともとできない。だから、外販っていうのはほとんど無理なんですよ。よっぽどのことをやらない限りは。だからやるとすれば同じ業界の横展開をどうするかっていうところなんで、それはどちらかっていうと経営サイドがどれだけこの、横の会社と仲良く回せて行けますかっていうほうがでかいので、情シスの子会社ががんばったところでたかが知れているんですよ。だから、そのへんが、ちゃんとできないと外販っていうのは無理。

井上 でもまあ、その難しいところにチャレンジしたい人は、それはそれでありじゃないですかね。お守りするよりは、2例くらいしか成功例がないかもしれないけれども、チャレンジするのもひとつの人生だと思います。

神林 それは、よっぽどがんばんないと、ええ。もう、最初からそれは厳しいよっていう前提を引きながらやっていかないといかない。

井上 でもそれを言ったらベンチャーだって同じじゃないですか。

神林 ベンチャーは逆に言うと、くだらないしがらみがないですよ。ベンチャーは極論すると根回しする必要がない。情シスの子会社だと、じゃあ、外で外販するよって言ったときに、これは売っちゃいけないとか、これを売れとかいろいろ親会社に言われますので、そこのネゴを

やったり、調整をしたりしないといけないんですよね。だからベンチャーのほうが楽ですよ。ベンチャーはそんな必要ないですから。

井上 まあ、そのめんどうくささもある一方で、最初にある程度の資本があることを活用できるケースもあるかもしれない。

神林 そうですね。それもあるかもしれないですね。それも時間軸を切られちゃうと、ないのと同じになってしまう。じゃあ、3年で売り上げゼロなら人切ってね、って言われちゃうっていうのはふつうにある話なんで。なかなか、ユーザー企業のエンジニアっていうのは、僕、今両方のキャリアがありますけど、正直、どっちか選べと言われたらユーザー企業はお勧めしません。

井上 ユーザー企業のところというのも、お守りだけのところと、いったん社内で成功して外販しようというフェーズの2択ありますよね。後者は成功確率は低いかもしれないけど、チャレンジっていう意味ではありかなと。

神林 お守りよりはいいと思いますね。

井上 ここでチャレンジに失敗したら、次のところに立ち上げに行くとか。

神林 そうですね。もう、移るというのが前提のほうがいいと思います。

井上 まあ、と言いながら移るって簡単に言ってますけど、転職も大変ですけどね。

神林 難しいですよねえ。

井上 特に年代が上がると。

ベンダーサイドのエンジニアの場合

神林 ユーザー企業ですからね、基本的に主流じゃないところで生き残ろうっていうのは難しいんですよ。結局。だからどうしたら主流になれるのかっていうことを考えるのであれば、IT部門から抜けて他に回るっていうのが本当は正解です。あるいは他の会社に行くか。そこにとどまっていては無理なので。というのがユーザー企業におけるエンジニアのキャリアだと思います。これは今後変わらないと思います。日本の場合は。で、これがユーザー企業で。もうひとつ、本流であるベンダー

サイド。これは僕より井上さんのほうが。

井上 はい。まず、キャリアの話になると、自分の話を一般的な話としてする人がいますけど、僕はそれはちょっと危険かなと思っていて。たかだかサンプルひとつで、自分はこんなことやったからそういう風にやればいいっていうのもちょっとおこがましいなと。それにそれぞれの時代背景もあるので、自分を例にして話すというよりは、周りを見てきたり、採用をする立場で見てきたことをお話ししたいと思います。そういうわけで、採用の立場で見ると、僕は履歴書とかで年齢を少し見るところがあって。20代とかだったら、変にいろんなことに手を出したり……えーと、何て言うんですかね、いろんなことに目移りしている器用な感じよりも、ひとつのことが大好きですみたいな不器用なタイプが僕は好きで。

編集部 20代なら不器用がいい。

井上 うん。多少冷静に考えたらこっちが良くても、自分はこの技術が大好きで、この技術やれなかったらこの会社には来たくないですくらいの、こだわりを持った人間を僕は結構とります。20代だとね。ただ、30過ぎてもずっとこの技術しかしてませんだと、今度は融通が利かなくなるので。

編集部 30代になると、「融通の利かないやつだな!」と。

井上 って感じになるので、僕が履歴書を見る視点は、どの地点で見るかで視点がだいぶ変わるんですね(笑)。神林さんは、何か、そういうところあります?

神林 えーとですね、ノーチラスは履歴書をもらっていないんですよ。特にエンジニアは。

編集部 えー。

井上 あー、もう経歴だけで見てもみたいな。

神林 あの、人柄とやってる内容とか、勉強会とかSNSとか、そいつが何を見ているかって、そういうの見るとほとんどわかるんですよね。興味があるものをtweetしたり、シェアしたりするので、その軸があっているかどうか、すぐわかるんですよ。特に僕らの場合、分散処理なので、分散処理って幅広いですけど、やっぱり正解と不正解ってあるんですね。で、正解を追いかけている人間と、どう見ても違うだろっていう人がいるので、それは明確にすぐわかるんですね。そういう意味だと、履歴書なんて全然見ないですね。学歴は全然見なくてです

ね、筋が良さそうだし、考えていることもわかるし、間違いなくうちのこういう部分の戦力になるねって言ったところで、「来てくれない?」って話をするのがいちばん多い。たぶん今後のトレンドはそうなると思います。あの、あまり役に立たないんです履歴書。紙に書いたレジュメだったり、あるいは学歴だったりっていうところ、本当に役に立たない。さらに、じゃあそれで何に興味あるかどうかっていうところを追いかけていって、その人間を採ったとして、それが正解かっていうとそうでもなかったりします。あの、僕らだとミドルウェアじゃないですか。ミドルウェアの開発ができるっていうのは、正直、確率は5割以下。僕らはちょっと特殊な構成になっていて、サポート的な仕事をやっている人、それからアプリケーションを書く、業務アプリケーションを書く人、それからミドルウェアを作る、だいたい3種類くらいの人間で、それぞれ得意不得意があるんで、それぞれに見合うと思われることをやってもらうんですけど、一番採用に失敗しているのはミドルウェアです。難しいです。非常に、そこそこ優秀で、考えもしっかりしていて、実装もできるような人間をとるんですけど、がんばって、だいたい、ほぼアウトですね。

井上 それは能力的なほうなのか、柔軟さというか、周りとうまくやるみたいな力か、どっちでアウトになるんですか?

神林 能力ですねえ。

井上 能力を見極められなかったと。

神林 難しいですねえ。難しい。

編集部 「か、書けない……!!」ってなっちゃうんですか?

神林 違いますよ、デザインなんですよ。あの、プロダクタイゼーションの基本はデザインなんですよ。さらにそのデザインを実装に落とす能力、この2つがないとダメなんですよ。で、両方ある人っていうのはほとんどいなくて、すごく難しいんですよね。業務系のアプリケーションっていうのは、要するに書きゃ書けるので、ダラダラダラダラと。あとはどう整理するかだけなんですね。だから整理能力がそこそこあって、制御構文とエラートラップと例外処理ができればですね、だいたいのコードは書けるんです。で、ミドルウェアになると、全然役割が違って、ミドルウェアの何が難しいかっていうと、できるだけ

少ないコードベースでどれだけ多様なことができるかっていうのが、ミドルウェアのコードを書く上で一番難しいところなんです。これってデザインの比重がすごく上がるんですよ。もうはっきり言ってデザイン8割。で、かつ、実装2割。で、2割もかなりクリティカルなんで、やっぱり人を選びますよね。かつそれをプロダクタイゼーションまで行くっていう話になると、さらに厳しくって相当能力が高いというか、経験がないとできないですね。だからそこの採用は本当に失敗しています。これはしょうがない。成功している人もいますけど、本当にレアですね。だから、難しいのはそこかな。

井上 まあ、下のレイヤーになればなるほどなのかもしれないけど、ソフトウェアの本質はすべての領域でそれですよね。本質的には変わらないところと、変わる部分を見極めていくというか。

神林 そう。でもそれって履歴書からじゃわかんないじゃないですか。井上さんはどうしてるんですか(笑)。

井上 何て言うのかな、論理の組み立てなんかで、僕の中で言うと変わる、変わりやすいところと、変わりにくい部分を分けていったり、依存関係とかそのへんを考える能力と、いろんな話の組み立てって何となく連携してくるかなって。まあ、確かにインタビューだけだとわかんない。

神林 インタビューだけだとわかんないですよねえ。

井上 だから、ソースコードとか見たりとか、ブログ読んだりとか。

神林 結局そっちですよねって話になるので。難しいですね。

井上 技術的なベースのところはある前提で20代と分けたんだけど、柔軟性というか、ある種のこだわりが強過ぎて、そこから抜けられないタイプもいるじゃないですか。そういうタイプはとります?

神林 とらないですね。とってもいいんですけど、辞めると思います。ついていけなくなると思うので。うちの会社のエンジニアで辞める人間、まあ、ひとりだけ例外がいましたけど、基本的についていけなくて辞めてます。

井上 でもそのこだわりのところが、今やっている会社の方向性とばっちり合ってたらとるかもしれないですか?

神林 こだわりの方向性がばっちり合って……。

井上 でも変化したらついていけそうもないなっていう人。

神林 いや、ばっちり合ってたらついて来れるかな。うちはそういう感じかなってところですね。だからそこは、やっぱりついてきてくれていますよね。こだわっているっていうところのこだわり方が本質的であれば、別に目先が変わっても何も困らないので、それを目先のところにこだわっているのだと、やっぱりまあ、そもそもついてこれないので。

井上 そうですね。そのこだわりポイントが、何か特定の技術のこの技術のみ、とかいうのではなくて、もうちょっと抽象度の高いレベルのこだわりってことですね。そのへんの見極めはなかなか難しいですけど。……と言いつつ、さっきも言ったように、まだ若いうちは細かいところでこだわっている人って結構好きなんですよね（笑）。

神林 まあ、そういうのは御社のような大きな会社にお願いしてですね（笑）。僕らみたいな小さい会社はそんな人間を教育している時間はないので、もう、とらないですね。新卒も一切とってないですし、20代も1人か2人くらいですね。あとはみんな30以上になるので。やっぱりITベンチャーで少なくともミドルウェアをある程度やっていくっていう会社であればもう四の五の言ってられないので、そんな感じにはなってしまいますよね。

年齢問題

編集部 上限はどうですか。49歳のとても優秀な人が来たら？

井上 技術だけじゃなくて会社全体を、周りの人間を変えられる影響力を持ってるとかだったら49歳でもありかな、とは思いますよ。

神林 手が動く40代なら喜んでとりますよ。マネジメント能力に長けてれば、任せることができますし。特にこれからって、僕らみたいなベンチャーだとなるべく人を多くせずに、生産性をどう上げるかっていう話になるので、プロジェクト単位も基本的に2人とか3人で回して、従来の10人月くらいのことをやらなきゃいけないんですよ。そうすると自分で手を動かしながらPMもやらなきゃ

いけない。だからそういう人間が40代でいるんだったらいくらでもとると思いますし、いくらでも転職ができると思います。だから手が動く、かつPMができる、という人間は40代だととても貴重ですよね。だいたいどっちかになってしまうので。そういう風なキャリア、そういう風な人間であれば、どこでも生きていけると思います。でも、そういう人って実は少ないんですよね。うちはほしいのでとってはいますけど。逆に言うと、うちでミドルウェアはできなくても、業務系のアプリケーション、あるいはAsakusa Frameworkを使って、分散処理を使って、コアな部分をぱっと作るとかそういう仕事もある。かつ、お客さんと話をしながら、要件をぱっとまとめて、ぱっと書いて、細かいところは任せる、インフラはこれ、たとえばクラウドを使うっていう形でパンっとやる。で、僕の経験から言うと、同じものを作った場合、SIerさんに比べて、生産性は10倍から20倍です。そういう人間はとります。ほんといないですけど。

井上 まあ、すっごい優秀な人間は例外なんで。

編集部 ふつうの49歳はどうしましょう。

神林 ふつうの49歳はとらないですねえ（笑）。がんばって違う道を生きてねっていうしか。しょうがないですよね。

編集部 神林さんは、ある程度勉強会とかで目星を付けておいたりとかしているんじゃないですか。そこからちょっといい感じだなと思ったら誘うみたいな。

神林 それは結果として多いですね。結果だけみれば、ほとんどそうなっているのは事実なんで。

井上 ノーチラスって今、何年目です？

神林 5年目。

井上 5年目か。若い人がいなくてもいいというと、今から10年経ったときに全員残ってると、結構平均年齢上がりますよね。

神林 あ、そのときは違う会社になってると思います。僕社長やってないかもしれない。変われればいいだけなので。

井上 なるほど。今ちょっとこの話をしたのは、ワークスにはたくさん人がいて、新卒もたくさんとってて。僕の経験でアリエルは比較的中途中心で、新卒とかとらずにできる人だけ引っ張ってくる感じで15年くらいやってきたんですね。で、そんなに人が辞めないところでも

あるので、15年経つと結構平均年齢が上がるんですよね。そうしたときにもうちょっと若い人を入れておいても良かったかなとか、ちょっと思わないこともなかったというか。確かにワークスとか見て、入ってくる新卒はまあ、正直稚拙、稚拙なんですけれども、それはそれでひとつの変化というか、数年経つとすごくできるようになっている人もいるし、稚拙な人が入ってくることで今までになかった見方とかができて、組織の活性化としては、一時的な生産性が落ちても若い人を一定期間入れて……って言うと、ちょっと日本の大企業の伝統的な話っぽいですけど、やっぱり効果はあるのかなと。長く会社をやるとちょっとそういうのを思うところがありますね。

神林 僕が目指している会社の目的は「ミドルウェアで食える」会社がひとつくらいはあってもいいかなっていうのがあって、で、受け皿がないんですよね今。ミドルウェアの技術者っていい人がたくさんいるんですけど。大学院出て、ちゃんときっちりミドルの研究・勉強してコンピュータサイエンスをやりたいんだけど、場所がないっていう、そういう人の受け皿を作りたいっていうのがあるにはあるんですね。ただ、そういう人間が日本に何人出てくるかって言うと、片手か両手くらいしかいないです、毎年。まあ、彼等が食えるだけのものが準備できるんだったらそれはそれでいいかなと。あとはどうでもいいですね(笑)。

ミドルウェアな人たち

井上 何か、読者が求めるキャリアの話からしたら例外的な方向に(笑)。

神林 いや、でもやっぱり例外的な人が生き残れていないっていうのが、日本のIT産業の良くないところ。

井上 あーそこは、良くないですよね。

神林 だからいつまで経っても業務アプリケーションばっかりですよ。ミドルウェアをきっちり作れる人間なんて皆無。特にプロダクトベースまで持っていける人間となるといないですね。ほとんどいない。

井上 まず人数が限られているというのは同意なんですけど、本当に働く場所がないのかというと、外資を含めて、本当に能力があればやっぱりありますよね。多少

は。

神林 それはたとえばGoogleとか、Amazonとか? いや、Amazonはないですね。Amazonはない。Googleもたぶんない。

井上 いや、日本法人にこだわらなければ。

神林 いや、日本法人にはないという意味でないです。逆に言うと向こうに行くしかないんで、だから日本にはないです。

井上 ないけども、たとえばいいプレゼンターを見つけたら、ベンチャーを作って、少なくともしばらく夢で生きていくことはできる?

神林 それは日本じゃなくて向こうでやったほうがいいでしょ。だから日本という意味で言うと、若いミドルウェア・エンジニアが日本の中で食っていけるところっていうのはたぶん今、ないんじゃないかな。

編集部 ノーチラスは……。

神林 ん? ノーチラスは今は人はとらないよ?(笑)。もちろん、例外はあると思いますが。

井上 まあ、日本で働くことにこだわらなければ、場所はある。

神林 それは日本で働くことにこだわるのではなくて、日本で働かないという前提を逆にひかないといけないこだわりですよね。日本では仕事はないから、西海岸に行くことを前提にして引かないと無理、みたいな。正直言って日本でミドルで純粋に食っている会社で一番デカいのは、たぶん、セゾン情報さんと思うんですけど。ワークスさんはアプリケーションなのでやっぱり違うじゃないですか。

井上 まあ、ミドルウェアに詳しい人間もいないと。ミドルウェアだけじゃないですけど、やっぱりアプリケーションベンダーも、我々もそうですし、サイボウズさんとかだって、ある程度ミドルウェアに詳しい人は一定数必要じゃないですか。そういう意味でいうとポジションはあるかなって。

神林 それはあるかなあ。研究所ですよね。サイボウズだったらサイボウズラボですよね、結局。

井上 いや、そっちよりもプロダクション側のコアに近い部分で。今はもしかしたらそんなにいないとしても、そこに能力のある人が行って拒否されるとは思えないですね。

神林 ええとですね、それも非常にレアだと思います。

井上 まあ、そういう意味で言うと、ポジションはかなり少ないですけど。

神林 仮にそこに行ったとしても、本当にどこまでやれるかっていうと、あんまりないですよ。たとえば、僕らだと、コンパイラ技術がひとつのコアですけど、じゃあコンパイラを作っている人が出てきたとして、ミドルウェアのコンパイラ屋が増えますよね。で、サイボウズで食えるか？ 無理だと思うし、ワークスで食えるか？ たぶん食えないと思いますよ。コンパイラだけじゃ。すごい勢いでコンパイラ書けたとして、そんなのってどこに席があるの、日本で食える場所なんてって感じ。もっと幅広くデータベースにしても、じゃあ、データベース作れる！トランザクションマネージャ書ける！って言ったところで、それ作ったとしても使ってくれないし、1人で作るって言っても限界がありますし。

井上 ワークスの今の感覚からすると、たとえば、作って、オープンソースにして、人が集まったら、そうしたら比較的持続性があるので、みんなで維持していく……。

神林 でもそれ、違いますよねって話で、それ、会社関係ないよねっていう話になっちゃうじゃないですか。だからそういう意味だと、やっぱりミドルウェアという意味だとそういうところがないんじゃないかな。業務アプリケーションをきっちり書けるっていうんだったらいくらでもあるんですよね。だから、その、どっちに行くのかっていうのはエンジニアのキャリアとしてってあって。おもしろいのは間違いなくミドルウェアなんですけどね。

井上 うーん。

神林 コンピュータをやっている以上はそっちのほうが純粋に。

井上 まあ下のレイヤーのほうがコンピュータサイドにより近いし。

神林 業務アプリケーションはそれなりにおもしろいですけど、ちょっとやっぱりレベル感が違うので、高みを目指すっていうのであれば……。いやまあ、どっちが高いか低いかとかじゃないんですけど、

井上 そうですね。

神林 一般的に、ミドルレイヤーのほうが抽象度が高いのは間違いないので、抽象度が高いほうが偉いという考え方はあるので、そういう考え方で行くのであれば、ミ

ドルウェアのほうがまあより上位だなあ、みたいな。そういうのはありますよね。そこに行くのか？ っていう話ですよね。エンジニアのキャリアパスとしてそこに行きたいのであれば、おもしろいかもしれないけど、日本では職場はあまりないよと。

井上 日本にこだわらなくてもいいですよね、そこは。

神林 日本にこだわらなくてっていうことじゃなくて、日本にいられないよってことなんですよ。

編集部 いたくても……ね。

神林 そう！いたくても。だから向こうへ行って、肉ばっかり食うのか、ハンバーガーばっかり食うのか？

編集部 ああ、食べ物の話ですね。比喩とかじゃなくて、食べ物の話なんですね（笑）。

神林 いや、それ大事なので。だいたい日本にいたいエンジニアの9割方の、日本にいる理由は食い物がうまいから、以上、ですよ。それだけですよ。

編集部 井上さん、どうですか。あんまり食べ物のこととか、気にしそうにないタイプにも見えますが……。

井上 僕は全然気にしませんね。何でも食べる（笑）

神林 そういう人は行っても大丈夫だけど（笑）。食い物にこだわるミドルエンジニアはどうするんだっていうのが、話題としてはある（笑）。食い物にこだわるミドルエンジニアは日本でキャリアはあるか？ ないね！っていうのが今の答えです。

編集部 食い物にこだわるミドルエンジニアのキャリアパス……ずいぶん話題がしぼられてきました（笑）。

CHAPTER
10

プロとして、生きる

サービス指向のほうへ、あるいは

井上 研究所っていうのは、ひとつの手ですけどね。おもしろいと思うかどうかは別として。

神林 その他のキャリアって言えば、ほとんどが業務アプリケーションを書く人ですよね。SIer。これは多い。めちゃめちゃ多いんだけど、何がまずいかっていうと玉石混交になっていて、その中でどういう風にキャリアパスを考えていくかっていうのは、難しいよねというのはあります。

井上 アプリケーションレイヤーに近くなると、技術を極めるよりもサービス指向になっていくほうがより、心理学的にというか、「これが当たる……！」とか（笑）、そこに楽しみを……。

神林 ……見いだせないと厳しいですよね。

井上 まあ、レイヤーが下のほうが偉い立場からするとUIXは上、上っ端ですけど、これはこれでひとつの極み、頂点だと思っていて。サービスを極めるっていうのもエンジニアのひとつの山だと思うので、ここを楽しいと思える人はこっちを突き詰めていけばいいかな。

神林 それでいいんじゃないですかね。そっちはそれでいいと思うんですけど。はい。

井上 それはそれで全然間違った道ではない。

神林 間違った道ではない。どこまでブラウザに付き合うかっていう話になっちゃうんですけど。そっちへ行くと。まあ、クラサバでもないので。

井上 そっちもそれはそういう意味でフロントエンドの技術は変わっていくので、そこをキャッチアップしていく面白さプラス、人に役立つものをどう作っていくかというサービス指向ですよね。

神林 そっちに振ったほうがいいですね。技術はぐるぐる同じところを回ってしまうので、結局同じところに戻ったかーみたいになっちゃいますから、人様のお役に立てる、アプリケーションを作るということに喜びを感じない人は、業務アプリケーションには向いてないと。

井上 その中で最適の技術を学んでいく。今からVisual Basicでそういうの作ってもハマらないので。

神林 逆に言うと、そういうキャリアしかないのかな。

井上 数で言うとそっちのほうが多くて、本当に技術を突き詰めようとすると、そしてさらに日本にこだわると、席は少なくなる。

神林 なるほど。エンジニアの将来は暗いな。

井上 いや、でも、本当に能力があれば、まず日本にこだわらないという手もあるし、もうひとつは会社を作って、5年でつぶれるかもしれないけど、そしたら会社を作った経験を元に人について行って、また次の会社とか。そういうのもありだと思いますけどね。

神林 それって、浮き沈み激しいですよね、なかなか家庭とか持てないですよね。

井上 あー、まあお金なかったらそうですけど。

神林 よっぽどできてる嫁さんがいないと厳しいですよ。

井上 ……何とかなるんじゃないですかねえ。

神林 なかなか難しいんじゃないかなあ。

井上 会社作って5年でつぶしてまた作って……とやっていると、お金出してくれた人のお金を溶かしているだけの気分になってきますけど（笑）、そこは別にまあ、夢を売ったんだと割り切って生きていく（笑）。

編集部 素晴らしい、鈍感力ですね。ただ、みんながみんな会社を作りたいって思うかと言うと……。

井上 必ずしも、それこそフォロワーじゃないですけど、常に作る人じゃなくて、フォロワーでもいいかなと思っていて。

編集部 フォロワー？

井上 フォロワー。おもしろいこと、会社を作っていこうというエネルギーのある人と一緒に行く。ある程度人脈があると、失敗してもまた声がかかるみたいな。

神林 そういう道はあるかなあ。よっぽど技術がないと厳しい気がする。どうなのかなあ。そういうキャリアって少数じゃないかなあ。

井上 でもさっきのミドルウェアでちゃんとできる人も少数なんで。

神林 まあ、おんなじくらいですよね。その他大勢の人はどうやって。SIerの中でのキャリアパス。わかんねえなあ。

今、ここにある危機としての
俺たちのキャリア

編集部 これを読んでエンジニアを目指す若者たちへ、とかいうより、今こう、そこにある危機として俺はどうしたらいいんだみたいな人に、何かないですかね。若い子は前途洋々じゃないですか。わかんないけど。今30代以上くらいの人たちへ。

神林 まずですね、細かい仕事を拾ったほうがいいと思います。でかいプロジェクトに入るよりは、1人とか3～4人で全部やりきる、上から下まで、設計、基本設計から入って詳細設計してリリース・運用までやるっていうプロジェクトを、絶対やったほうがいいです。積極的にむしろ、選んだほうがいいです。きついんですけど、先を考えるのであれば、その経験はものすごくプラスになると思うので。でかいプロジェクトの一部しかやらないっていうのはまったく役に立たない。SIerの中で今後生きていくってことを考えるのであれば、今後のキャリアは積極的にそういうプロジェクトにかかわって、自分でPMをやると。で、手を動かすと。それがマストだと思います。それができない人はもう生き残れないので、そういうところに積極的にかかわるっていうのは絶対に必要だと思います。だから30代に入ったときには、そういうプロジェクトを積極的に選ぶっていうのが、まず生き残るための第一条件になると思います。それができないと人を使うだけになったりとか、あるいは同じ技術にずっと特化するとか、あるいは本当に人繰りのゼネコンの中の一部の歯車にしかならないので、40、50になったときに何ができるかっていうと、何もできないっていう状態になっちゃうと思うんですよね。だから、できるだけ細かい仕事。つまんないですよ。あの、でかい仕事やってるやつのほうが偉いと思っている人はたくさんいるので。

編集部 細かい仕事って、たとえばどんな仕事なんですか?

神林 ま、やっぱり金にならない仕事ですよね。「これしか予算がないんだけど、上から下からやってください」みたいな話はいくらでもあるので、そこでどうやってやれるかっていうところを、きっちり動かすっていうところまでやる、とにかくぶち込む、回す、でお客さんに満足してもらう。そういう中で自分でコードを書くことも必要に

なってくるので、そういうことを積極的にやっていくことをすごく大事だと思います。

井上 まあ、今風に言うとフルスタック……もう今風じゃないか。ちょっと前の言い方で言うとフルスタックエンジニアとかですかね。

神林 フルスタックってWeb系の話で使うんですけど、業務系でフルスタックっていうのもあるんですよ。目指すんだったら、業務系アプリケーションエンジニアでフルスタック。これは使えますよ。こういう人間は。間違いなく。だからそれを目指すのは正しい。

井上 あえて技術よりも、業務領域の設計とかそういうイメージの話。

神林 だから上から下までですよね。業務系の設計から始まって、基本設計、詳細設計、実装、テスト書いてテストコード書いて、データの移行、移行プログラム書いて移行リハやって、実際の移行やって、実際運用やって障害対応もやる。これを全部やる。……っていうのができれば、おそろしく使える人間にはなりますね。でもほとんどいないです。それができるにはやっぱりそういうプロジェクトを上から下までやるには、最低やっぱり3年はかかる。スタートから初めて。企画から入って。それをちゃんと自分でやりきる。しかも少ない人数で。……ということができればキャリアとしては先は明るい。そういう人は逆に言うとIT以外にも転職できますよ。ITの中でももちろん転職できるし、拾ってくれる人も多いですから、そういうキャリアを選択しておくっていうのは大事だと思いますね。それであればまだ先はある。

井上 まあ自力を付ければ。

編集部 ワークスさんのところのエンジニアっていうのは、ずっといるほうが多いんですか? それとも中途で?

井上 それぞれですねえ。やっぱり人数が多いので、入ってそれこそ3年以内に辞める人も一定数はいますよ。長くいる人も多いですけどね。

編集部 年齢層はどれくらいが一番多いとかは?

井上 ここ数年で新卒をかなりとったので今は若い層に寄ってますけど、その新卒を除いたら、どのへんがピークなんですかね。それでも平均年齢は30くらいかな。全体的に若い分布。むしろ若いほうに山が寄っているかもしれない。

編集部 今回の対談のテーマがキャリアということで、

10. プロとして、生きる　　105

去年のCROSSの動画を参考に観たんです。

神林 あれは、「働きやすさ」と「働きがい」みたいな話で、「働きやすさ」を提供するのは企業だけれども、「働きがい」は自分で見つけなさい、みたいな話だったんだよね。「働きがい」とか会社に求めるんじゃねえよ、そんなもの与えられないでしょうと。「働きやすさ」は逆に提供しない企業はバカだから辞めたほうがいいみたいな話で。「働きがい」というのはあくまで自分の自己満足の基準でしかないから、人から与えられたところでそれが満たされるかっていうと難しいよね、っていうか自分で見つけろよそんなもん、みたいなそんな話でしたね。

井上 何が働きがいかって言ったら、神林さんが言ったように自分の……。

神林 自己満足ですよね。結局、自分が満たされるかどうかの話でしかないので、それが他人からの承認欲求の人もいるだろうし、とにかく自分が設けた課題をクリアすることに快感を覚える人もいるわけだから、他人がどうこう言う話ではないですね。

編集部 だからキャリアの話って、あちこちでよくされているけど、何か難しいなってずっと思ってたんですよ。だから最終回になっちゃったんですけどね。

井上 難しいですよね。

神林 キャリアをどう考えるかで、最近は働きがいっていうのは難しくなっていますね。働けるかってことのほうが大事になってきている。日本って今そういう状態になってきているので、どちらかっていうとちゃんと働けるキャリアパスを考えるっていうほうが大事で、それですら難しくなっていて。働きがいとか言っている場合じゃなくなっていると思うんですよ。特に若者は。どんどん年寄りが年寄りのためにやっている国になってきてしまっているので、そこでどうやって身を立てていくかっていうのは難しい。だからそういう意味でもエンジニアとして生きていくのかっていうのは簡単な話ではない。

井上 でも現実問題として、若くてコードが書ければまだ仕事はありますよね？ 贅沢を言わなければ。

神林 仕事はありますけど、それ、レジ打ちとあんまり変わらないですよね(笑)。

井上 ただ、将来に対する漠然とした不安はあると……。

神林 漠然としたじゃなくてかなり明解な不安があると思いますね。

井上 逆に不安のない職種とかあるんですかね？

神林 ありますよ、たくさん。

IT人材とかIT教育とか

編集部 でもエンジニア足りませんとか言ってるじゃないですか、今。

神林 IT産業、人が足りません、って言うね。

編集部 今、子供にプログラミング教育を！って盛り上がっているじゃないですか。

井上 ああ、最近流行りの。

編集部 あれも何かこう、将来のIT人材へ育てる的な目論見があって……ということなんですか？

神林 あれですね、本当におもしろがっているんですかね、子供は。

編集部 これからはプログラミング必須！みたいな空気になっていますが、それは一般人の教養としてのプログラミングということなのか、将来的にもっとプログラマーが増えるべきというニーズがあってのことなのか……。

神林 まあ、だからIT立国にしたいんでしょ。国の方針として。単純にそれ以上でもそれ以下でもないと思いますよ。

編集部 じゃあ、それはIT業界のエンジニアの需要といった話とは関係ないところで起きている事象なんですね。

神林 いやそれで、IT業界的にはSIer的に言うと、人が足りないので人がほしいと。これはチャンスだということで、よくわかんない人たちが食い付いてこうなったっていうのが今の現状。わかりやすいと思いますよ、非常に。何も考えてないですね。IT産業、人が足りません、みたいな。足りてるよ、どうでもいい人たちの需要は、って話なんですけど(笑)。本当にバカなんじゃないと思うんですけど。

井上 まあ何か、国というところで、教育に投資しないと日本は生き残っていけないというロジックがあって、どこに投資するかで、でも本当はもしかしたら数学とか……。

神林 それはまったく同じですね！まったく同じですよ！

今言おうと思った！数学やれ、数学！

井上 ……それを言える人がいなくて、結局英語とかITとかわかりやすいところに行っているのが現状かなと。

神林 はっきり言って高校の授業なんて数学だけでいいですよ、あとはいらない。大学も同じだな。数学だけでいい。あとはいらない。

井上 本当言うと、そうやって変わりにくいものを教えたほうが正しい気もするんですけど、結局、数学を教えてどうなるかっていうのが、ほとんどの人はわからないというか。

神林 わからないのは当然で。だってそういう人ってたいてい、数学苦手じゃないですか。

井上 わからないから、結局わかりやすいところに、子供のプログラミング教育とか、英語教育とかに向かってしまっているんじゃないですかね。

神林 IT立国も、全員数学必須にしたほうが全然マシですよ。本当に。何が楽しいの、子供のプログラミングとかさ。何のコードを書くの？

編集部 まあ、スクラッチでゲームを作らせる的な？ 今はもっと進んでいるのかもしれないけど。

神林 ゲームでしょ結局。ゲーム作るか、改造するか。それはわかる。僕もコード覚えたのゲームだもん。

井上 僕も小学校時代からBASICでゲームやってました。

編集部 まあ、飽きちゃうんですけどね、子供。

井上 まあ、中にはハマる人間も出てくる。でもハマる人間は放っておいてもやりますからね。

神林 たぶん、今、僕らの世代のエンジニアが100人に「何でコード書けるようになったの？」って聞いたら、絶対ゲームですからね。当時はとにかくゲームがなくて。逆アセンブルして、どこを触ればどうなるかわかるから、それをいろいろいじってみたいなところでやってたはずですよ、スタート地点はみんなそこなんで。

井上 うん。まあ、好きな人は勝手に始めるので放置もありだし、もしかしたら全員に強制的にやらせたら、より広く適正のある人間が残る可能性はありますけどね。それが効率のいい投資かどうかはわかりませんね。

神林 全然違いますね。

井上 効率のいい投資ということで言うと、産業を作るっていう意味で、IT業界で他にやることがなくなった

人が教育に行くっていう意味では需要は作っているかもしれないですけど（笑）。

編集部 教える人の需要……。

神林 そもそも、中途半端なプログラマーを濫造したところで……、実は僕は法学部出身なんですけど、今、弁護士って食えてないんですよ。僕からすると信じられないんですよ。で、それは理由はクリアで、司法試験改革って本当にどうしようもないことをやって、結果としてどうなったかっていうと、弁護士が増えたんだけど食えない。司法試験に通っても食えないっていう。何がすごいかって、昔は司法試験に通った後、イソ弁って言って、居候の弁護士やって独立してのれん分けしてってやってたんだけど、今はイソ弁にもなれないし、もちろん、事務所も持てないし、そうすると、携帯電話の番号しか登録できないってやつが出てくるんですよ。オフィスがなくて。それでもまだマシってくらいで、もう弁護士の乱造は政策としては完全に失敗しているんですよ。で、そもそもその司法試験改革のときに、僕も覚えているんですけど、何で司法試験改革をしたかっていうと、弁護士が足りないっていうのを主観的に言っているわけじゃなくて、ちゃんとリサーチしているんですよね。これだけのニーズがあると。市場はこれだけあると。弁護士が足りない。企業内弁護士がこれくらい足りない。企業に訊いたら弁護士が増えたら採用するよって言ってたんですよ。そこ、全然採用してないですからね、今（笑）。……ということを全部やって、結論が弁護士が足りないから増やせ、と。制度をちょっと緩くすると。で、どうなったかっていうと、結果として食えなくなったっていうことで、またやめるっていう話になっているんですよ。プログラマーも同じですよ。たぶん増やせって言って、みんな足りないって言ってて、増えたけど実は就職できませんでした、もう減らせ、いらね、となります。いい加減にしろっていう話ですよ。人はおもちゃじゃないよ。

井上 でもドライに言うと、最適な人数、弁護士にしろ、あらゆる職業の最適な人数の予測なんて誰もできないので、ある種過剰に人がいて、競争原理の中でダメな人が仕事をとれないというのは必要悪なのかもしれないですけどね。

神林 そういう感じだったら、最初からきつくするなって

10. プロとして、生きる　　107

いう話なんですよね。最初からゆるゆるにして、そもそも資格試験の必要がないですよね。

井上 うーん。まあ、それで完全に自由競争にしていくのであれば、それも手かもしれないですね。

編集部 エンジニアの資格っていろいろあるじゃないですか。

井上 ありますねえ。ひとつも持ってないですけど（笑）。

神林 あったっけ？ 僕も全然持ってない（笑）。

井上 履歴書で、あんまり持っていると、逆に少し「大丈夫かな？」って思う（笑）。

神林 （笑）。

編集部 あれは意味はないんですかね。

神林 ないですね。まったくない。

井上 資格もさっきの子供のプログラミング教育と同じで、教える側のひとつの需要が作れるっていう。

神林 エンジニアのキャリアで、資格っていうか、クオフィケーションみたいなことで役に立つのは論文。

編集部 論文。

神林 論文を通す。それもトップエンドの論文。ワールドワイドのですよ。そこに論文を通したとなれば、これは役に立つ。

編集部 今、資格の話とはレイヤーが違うところに話が……。

神林 日本の資格試験はまったくいらないよね。

井上 まあ、教える側の需要喚起という意味では、いいんじゃないですかね。

神林 そういう感じですよね。教える側の話ですよね。

井上 それでそれなりに儲かっている会社もあれば、ある程度売り上げ上げる会社もあるので。

編集部 弊社も本なども出しておりますしね！

プロとして、生きる

編集部 しかし夢のない終わり方ですね。

井上 良くないですね（笑）。もう少し、夢のある……。

神林 夢がなかなかないよね。

井上 でも、他の職業に比べてそんなにつまんないのかと言われると、まあ楽しいかもしれないですよね。

神林 だからエンジニアとして生きていくっていう意味であれば、プロとしてっていうところに行きやすい。間違いなく、他の職業に比べて代替性が低いんですよ。要するにコードを書くっていう技術はそんな単純な話じゃないので、やっぱりシステムを作って……ってこととは、そうそう、そのへんに転がっている人ができる仕事じゃないですよね。だから、そのプロフェッショナリズムには近いところなので、プロとして生きるという意味では、エンジニアはいい。

編集部 誰でもなれるわけじゃないぞと。

神林 逆にプロとして何が必要かっていうことをちゃんと絞ってキャリアパスを設定していかなければいけないので、そういうことができるんであれば、生きていく、いろいろ仕事を自分で選んでいくとか、それは会社の中でも、外でもいいんですけど、やりやすい職業のひとつだと思いますよ。だから若者がプロとして生きたい。ほら、いろいろあるじゃないですか。ミュージシャンとか。その中のプロとして弁護士もあるし、医者もあるし、プロとして、というニュアンスであれば、エンジニアっていうのも悪くないですよね。ただそれは、他と同じでそんなに簡単な話ではなくて。

井上 まあ、そりゃそうですよね。

神林 SIerの中に入ったらプロになるかって言ったら、ほとんどならない。8割がたはプロじゃないわけですよ。95％くらいはアマチュアですよ。現実的には。だからシステムを作るということに関してプロになるっていうのは「誰もいなくても俺は上から下までできるよ」っていうことにならないとプロとは言わないですよね。システム作って、と言われたときに作れないといけないんだから。たいていの人はできないわけですよ。だからそれがいるような、キャリアパスを自分で選択して、選んでいけばプロとして生きるという意味では、すごくおもしろいし、生きていける、生きやすい職種ではないですかね。少ないですけどね、そういう人はね。

井上 できる人が少ない理由は何なんだろうと考えてみると、もしかしたら、もともと向いてないけどITに入ってしまったパターンがあるのではないかと思ったり。たぶん、プログラミングちょっと動いた楽しい！っていうレベル。楽しいと思ってやってみるけど、ちゃんと仕事としてやろうとするとあんまりおもしろくないなっていうパターン

は一定数いるかなと。動くだけのプログラムって実は簡単で、ちゃんと保守できるプログラムとは結構な壁があるんですけれども、最初はそれに気付かないので、何かちょっと書いて動いたら「すげえ、自分、向いているぞ」みたいに勘違いして入って、でも何か違うなって。そのままずっといたら不幸かなと。でもそれに初期に気付いたら、プログラミングがちょっと楽しかった思い出……それは悪い経験じゃないと思うので、次のところへ行けばいいと思いますね。でも、そういうのも向いていてちゃんと楽しくやっているけど、結果としてできない人もやっぱりいるのかな。それはもう自助努力なのかもしれないですね。

神林 そうですね。それは完全に道を踏み外している感じなので、先のこと考えて自分のキャリアパスを構築しないといけないのに、それができていないということです。好きなことだけやっててキャリアパスできるわけないので。ちゃんと選択して、幅は狭いですけど、セレクティブにやっていかないと。そういう組み立てをしないとダメですよね。してないですよ。本当にしていない。特に大企業の中の僕らの世代。ちょい下とかちょい上とか、本当にまじめにキャリアパス考えていないですよ。だからこうなったんですけど。どういう風にすれば、たとえばその会社がつぶれたとしても生き残れるかっていう風に考えて会社の中で仕事を考えている人はほとんどいない。たぶん、例外はリクルートみたいなところだけで……、あそこは独立尊重の社風があるので、とっとと辞めろ、ですからね。ほとんどの会社はそんな風になっていないですよね。で、そういう風に選んで、セレクティブに……。

井上 そうなってないのが、ITエンジニア特有なのか、日本特有なのか、結局どこの国でもどこの職種でもあるのか、何か見解はあります?

神林 日本特有だと思いますね。会社間の移動がすごく少ないので、会社間の移動が多ければ会社に依存する率が減るわけですよ。嫌なら辞めるし、他に行くし、そのときは自分は何を売りにしなきゃいけないかってはっきりするわけで、会社の中でのうのうとやっている分にはそういう考える必要ないですからね。言われたことをやっていればいいだけだから。だからそういう風にキャリアパスを設定していくってことは、やらなくていい

じゃないですか。だからやってないんですよ。だから結果として、プロではないですよね。

編集部 でも割とIT業界はキャリアパスとかについては、テーマにされがちじゃないですか。語られがちじゃないですか。

井上 うん、日本という中での相対論で言えば、ITというのはもしかしたら。

神林 いや、語ってないですよ。語っているのはしもじもの人たちがブログ書いているくらいで、ああいうのに経営層はひとりもいないですからね。IT会社の中の経営層、常務以上でいいです。で、エンジニアのキャリアパスを語っている人、探してください、ひとりもいないです、絶対。

井上 ユーザー系の企業だけじゃなくて?

神林 ユーザー系だけじゃないですよ、大手ベンダーでもいいですよ。じゃあ、その出るところ出てってね、ベンダーさんどうしますか? って言ったときに、従業員のキャリアパスを語っている常務以上って僕は見たことないです。プロになってさっさと独立しろ、とかそういう感じで話しているのは聞いたことないですね。どのSIerでも。

井上 ふーん。

神林 常務以上が何話しているかって?「うちのサーバーは」とかね、「クラウドは」とかね、「ブロックチェーンは」とか(笑)。

編集部 少なくともしもじもの者がキャリアパスについて話している時点で他よりはマシではないでしょうか。

神林 しもじもの者が話しても何の意味もないでしょう。

井上 でも他の職種に比べれば。

編集部 たとえば、経理がね、経理のキャリアパスを考えるセミナーとか、イベントとかなさそうじゃないですか。

神林 イベントはないでしょう(笑)。

編集部 少なくとも、ITってそういうのがあるから、たとえば女子でエンジニアで生きていくには、とかあるじゃないですか。

井上 牧野さんは結構話しますけどね。キャリアパスというか、要は、あの某大手メーカーもつぶれた、某財閥系も買収された、安定企業なんか日本に1社もないんだからどこででもやっていけるようにならなきゃダメだっていう話はしょっちゅうしていますけどね。

10.プロとして、生きる　　109

あとがき

まずは、対談とは名ばかりの自分の割と一方的な話をきっちり受けきってくださった井上さんには感謝申し上げたい。ありがとうございました。また、こういう対談にそもそも意味があるのか、大丈夫なのかの企画を実施してくれた翔泳社各位方にも同じく感謝申し上げます。

概ね、内容はまえがきに井上さんが書いていらっしゃるとおりです。ここまでまっとうに読んでいただいた読者諸氏にこの本の内容をくどくど解説するのも詮無いことだと思いますので、ここでは「本はあとがきから読む」という天邪鬼な読者様向きのコメントとして結とさせてください。

基本的にこの対談は21世紀初頭の日本のIT業界のダークサイドの物語です。残念ながら某映画のようにジェダイの騎士が登場して輝く未来につながるというお話ではありません。ちまたに言われているIT時代の新しい技術、クラウド・IoT・AIで世界が変わるというマスコミ発表の表向きの話の裏側で、多くのITエンジニアは規模の大小は問わず、ユーザ企業のシステム開発に携わり、日々変わる仕様と埋め込まれたバグと、まさにソルジャーのごとく戦っています。残念ながらSI帝国軍はじわりじわりとその版図を広げており、もはや勝負あったかの感があるのが、日本のITの現状です。マスコミの新時代到来の派手な宣伝とは別に、なかなかにITエンジニアには将来の見通しは悪く、北はシベリア寒気団の猛吹雪か、南は二つ玉の南岸低気圧の大雪か、の空模様です。

対談では、日本のITの暗黒面を直視し、その暗部に異議申立てを行うことが主眼になっています。その意味で「全力反省会」ではあるのですが、異議申し立てをしている側が別の暗黒面に捕らまっている感もあり、最後はなんだかよくわからない結末で終わっています。まさに、深淵をのぞく時、深淵もまたこちらをのぞいているという感もあり、その意味では、神林・井上さんの背後にある「黒いもの」をのぞき見しながら、この対談の意図を読み取るというのが、正しい読み方かもしれません。

僕自身のキャリアは、実は公認会計士としてバブルの後始末をハゲタカファンドと一緒にやるところから始まっています。その後、とある小売業の多角化の撤収とITの立て直しを経て、米国VCが手を引いたITベンチャーのIPOまでの手伝いをし、結果、気づけば「エンタープライズ向けの分散処理OSSのベンチャーの社長」という、きわめて奇特な場所に辿りついています。M&A、ITの立て直し、ITベンチャーと、表向きの聞こえはいいですが、実際は泥臭い、一種の理不尽な、なんだかわけのわからない、日本の各産業の黒歴史の中にずっといました。ただ、自分が例外というわけではなく、翻って見れば僕ら1970年代生まれの人間は多かれ少なかれ、日本のここ30年

の真っ暗な闇そのもの中で蹴いてきたとも言えます。その意味では、自分は「日本社会が仕掛けてきた地雷を踏みまくった典型的な40代の一人」なのかもしれません。

そんなキャリアから見たときに、この対談で提示されている異議申し立てはそれほど特別なものではありません。今、日本のITにかかわる「地雷を踏んで、それでも生き残った」40代、すなわち中間管理職・マネージャー・現場監督がみな一様に持っているものでもあると思っています。

対談は、僕が"そういった黒いもの"をどんどん吐き出して、井上さんがそこから「それでもなお、光はある」という形で進んでおり、実際に日本のITで「もがき生き残るためのスタンス」そのものの体現に近いものがあると思っています。吐き出された黒いものはどう回収されるべきか？ この対談の本当の議論はそこにあります。

そして、それは読者自身にも委ねられています。

仮にこの異議申し立てが、この本を読んでいるあなたに共鳴するものであれば、それはあなたの持っている「黒いもの」がどこかにある、ということでしょう。それを受け止めてもらえる、あなた自身の「井上誠一郎」を見つける必要があるかもしれません。それは、仕事の上司かもしれませんし、同僚、家族かもしれません。まぁそんな風に、この対談を消化してい

ただければ幸甚です。

この対談では、自分としては言いたいことは全部言ったつもりです。普通であれば、言わずに封印というのが大人の判断だと思いますが、今回は敢えて言う、というスタンスで臨みました。今、日本全体で「言いたいことを言うコスト」が極端に跳ね上がっています。結果として、その地雷を踏むのもまた自分の役割の一つなのでしょう。

結果、対談自体もWeb上で発表される度にいろいろな反応を頂きました。肯定的なものから、否定的なものに至っては訴訟も辞さないレベルのクレームまで頂きました。賛否はともかく、日本IT全体が行き詰まっているのは、誰もが感じていることです。であれば、まず、自分の課題に向きあい、真摯に対応するのが本筋です。無意味なポジショントークを振り回して、自分に都合の悪いことを隠蔽しようとする前時代的なことをやっている場合ではないでしょう。いずれにしろ、対談の評価は、今現在早急に下すものではなく、おそらく10数年後に現れてくるものだと思っています。

どんな形であれ、この本を手に取ってくださった方に何らかの意味があれば、そう願っております。ありがとうございました。

かんばやし

本書内容に関するお問い合わせについて

このたびは翔泳社の書籍をお買い上げいただき、誠にありがとうございます。弊社では、読者の皆様からのお問い合わせに適切に対応させていただくため、以下のガイドラインへのご協力をお願い致しております。下記項目をお読みいただき、手順に従ってお問い合わせください。

●ご質問される前に

弊社Webサイトの「正誤表」をご参照ください。これまでに判明した正誤や追加情報を掲載しています。

正誤表　　　　　http://www.shoeisha.co.jp/book/errata/

●ご質問方法

弊社Webサイトの「刊行物Q&A」をご利用ください。

刊行物Q&A　　　http://www.shoeisha.co.jp/book/qa/

インターネットをご利用でない場合は、FAXまたは郵便にて、下記"翔泳社 愛読者サービスセンター"までお問い合わせください。

電話でのご質問は、お受けしておりません。

●回答について

回答は、ご質問いただいた手段によってご返事申し上げます。ご質問の内容によっては、回答に数日ないしはそれ以上の期間を要する場合があります。

●ご質問に際してのご注意

本書の対象を越えるもの、記述個所を特定されないもの、また読者固有の環境に起因するご質問等にはお答えできませんので、あらかじめご了承ください。

●郵便物送付先およびFAX番号

送付先住所　　〒160-0006　東京都新宿区舟町5
FAX番号　　　03-5362-3818
宛先　　　　　（株）翔泳社 愛読者サービスセンター

ITは本当に世界をより良くするのか？
IT屋全力反省会

2017年2月14日　初版第1刷発行（オンデマンド印刷版 Ver.1.0）

著者：井上誠一郎　神林飛志
いのうえせいいちろう　かんばやしたかし

発行人：佐々木幹夫
発行所：株式会社翔泳社（http://www.shoeisha.co.jp/）
印刷・製本：大日本印刷株式会社
組版・装幀：渡辺浩之（olola）

©2017 INOUE Seiichiro,KAMBAYASHI Takashi

本書は著作権法上の保護を受けています。本書の一部または全部について、
株式会社翔泳社からの文書による許諾を得ずに、いかなる方法においても無断で複写、複製することは禁じられています。
本書へのお問合せについては113ページに記載の内容をお読みください。
造本には細心の注意を払っておりますが、万一、落丁（ページの抜け）や乱丁（ページの順序違い）がございましたら、
お取り替えいたします。03-5362-3705までご連絡ください。

ISBN 978-4-7981-5210-3

Printed in Japan